人生只需讨好自己

伊万卡·特朗普的人生准则

姜雪晴 编著

北京联合出版公司
Beijing United Publishing Co.,Ltd.

图书在版编目（CIP）数据

人生只需讨好自己 / 姜雪晴编著 .—北京：北京联合出版公司，2017.7

ISBN 978-7-5596-0529-0

Ⅰ. ①人… Ⅱ. ①姜… Ⅲ. ①人生哲学–通俗读物
Ⅳ. ① B821-49

中国版本图书馆 CIP 数据核字（2017）第 132652 号

人生只需讨好自己

作　　者：姜雪晴
责任编辑：管　文

北京联合出版公司出版
（北京市西城区德外大街83号楼9层　100088）
北京慧美印刷有限公司印刷　新华书店经销
字数：250千字　710毫米×1000毫米　1/16　印张：18.5
2017年7月第1版　　2017年7月第 1 次印刷
ISBN 978-7-5596-0529-0
定价：39.80元

如发现图书质量问题，可联系调换。质量投诉电话：010-82069336

目　录

第六章 CHAPTER 6 尽力让自己成为一个受欢迎的人

第七章 CHAPTER 7 任何时候都要让自己变得更有魅力

前　言

在最近一段时间，国外一家网站发起了一项调查：“谁是目前最性感的新闻人物？”结果英国的凯特王妃和美国第一女儿伊万卡·特朗普被认为是全球最性感的新闻人物。作为公众人物，凯特王妃早在多年以前就已经被全世界的媒体所熟知，而伊万卡则是最近几年才在全球范围内树立起自己的形象，但作为后起之秀的她却被认为是可以和凯特王妃并驾齐驱的人物，媒体还特意将二人进行对比，其中伊万卡被认为是美国的凯特工妃，而凯特工妃则被认为是英国的伊万卡。

不仅如此，在最近几年，伊万卡从美国狗仔队追踪的富家女一跃成为横跨多个领域的女强人，成了新时代女性成功的又一个典范，无论是西方国家还是东方国家，很多人都对这位女强人充满了好奇，大家开始纷纷模仿她的穿着打扮，开始学习她的说话语气，开始全方位地去解析她身上各种成功的特质，并且给她冠以各种头衔和名号，一时间，伊万卡成为“成功”的代名词。

那么，为什么伊万卡会在短时间内赢得世人的关注，并在全球范围内引发新一轮的女性偶像膜拜呢？伊万卡究竟有什么样的魅力和能力呢？很多人都很好奇，为什么一个女人在生活中可以做到如此优雅，在工作中又可以做到如此成功，而且无论做什么，无论做哪一行，她都可以如此从容不迫、游刃有余，并且获得巨大的成功。在事业的各个领域，在生活的各个层面，伊万卡都是以完美女人的典范存在。

有些人觉得她是富二代，具备别人所不具备的各种优势，但是横向地对比她和其他富家子弟，甚至她的兄弟姐妹，就可以发现伊万卡所做的一切都比其他人要好很多。事实上，不仅如此，伊万卡的成功具有很大的延续性，无论是处于人生的哪一个阶段，她都是以一个形象鲜明的成功者姿态出现的，她很少有受挫的时候，也很少落后于其他人，即便是作为一个富二代，她至少也称得上是一个成功的富二代。

尽管很多富二代容易在富足的生活中堕落，但是并不代表这个群体中就没有成功者。在最新公布的一期福布斯富豪榜中，美国前十的富豪中，有多达六人是富二代，在欧洲富豪中，富二代的比例依然很高，而从全球范围来看，富豪榜中的创业者和富二代几乎各占50%的比例。伊万卡就是一位比较成功的富二代，而且她比其他很多富二代更强的是，她并不是简单地继承父亲的财产以及事业，而在于她依靠自身的努力开拓出属于自己的事业。对于一个手握21亿美元的富家千金来说，对于一个在地产公司里担任副总裁的女强人来说，一切似乎已经足够了，但她还想要做得更多，还想要做得更好。

尽管整个特朗普家族中的成员似乎都可以称得上是精英，但是哥哥唐纳德·约翰·特朗普（小特朗普）有些自命不凡，而且很有野心；弟弟埃里克·特朗普不够聪明；妹妹蒂凡妮·特朗普则有太多富家女的矫情和娇气。实际上，她似乎比自己的兄弟姐妹更有上进心，但她从不赤裸裸地追求权力与财富，可以说一切成就都是悄无声息的低调之作。

作为一个富二代也好，作为一个创业者和女强人也罢，伊万卡身上具备了很多创一代那种狠劲儿，她总是将自己置身于重重的压力之中，并且提醒自己“我还要做得更多呢”！这一点恰恰源于特朗普家族的基因（她的兄弟们可没有继承这些品质，尽管他们有时候同样显得有些野心勃勃）。唐纳德·特朗普曾经在自传中说到了自己从父亲那儿学到的经验。在少年时代，唐纳德·特朗普跟着父亲弗雷德·特朗普去布鲁克林收租，父亲跟他说：“地主可不是好当的，你需要坚强。”那时候，他看到父亲按响了租户家的门铃之后，直接躲到门一侧，这个行为让特朗普感到困惑，但是父亲回答说：“因为有时候他们一开门就给你一枪。”

弗雷德的描述可能有点夸张，但是他至少向儿子传达了这样一个理念：“你需要变得更加警觉、强悍。”尤其是在商海中，如果没有警觉的心理和强悍的个性，那么迟早会被其他人淘汰出局。正因如此，特朗普从很小开始就到处争第一，在学校里，他渴望成为学习最好也最努力的那一位，成为体育成绩最棒的那一位。离开学校后，他渴望做那些最具雄心壮志的事业。在特朗普的人生哲学中，“成为最强的那个人”始终是人生最大的目标。2005年，特朗普在接受媒体采访时，说到了自己邀请那些社会名流去自己Mar-a-Lago棕榈滩庄园参加聚会的事情——“他们都吃得津津有味，他们都爱我，都跪舔我。之后他们离开时说‘他并没有那么可怕’，但是我就是王者”。

这种气势、自信显得太过于霸道，但这就是特朗普家族强悍的基因所在，伊万卡的哥哥小特朗普身上有一些父亲自大的影子，但远远称不上强悍，只有伊万卡在这一方面最接近父亲，尽管两个人所表现出来的言行举止大相径庭，但温文尔雅的伊万卡其实也有一颗强悍的心，甚至是一颗强悍的野心，正如她所表示的那样：“我们特朗普家族的人都很争强好胜。”只不过这颗野心在平时看上去很低调。

无论如何，伊万卡都是依靠这种强悍的基因不断迫使自己变得更加优秀，她极度自律、非常勤奋，在社交方面几乎魅力四射，在事业方面则具有很强的魄力。可以说无论在哪一个方面，伊万卡都做得非常不错，这让她看起来更加接近完美女人的形象。但即便是这样的女人，也同样具备一些争议，也同样有人对她的一些言行感到反感，我们只能说在抛开那些争议后，伊万卡在大多数时候还是受人欢迎的，尤其是考虑到她和她父亲特朗普之间的那些鲜明对比，就可以看出伊万卡的素养和智慧的确非比寻常。

有人说有很多富二代比伊万卡更有钱、更漂亮，也更加成功，但是为什么只有伊万卡会获得如此众多的关注呢？事实上，伊万卡的火爆并不是毫无因由的，尽管这和她那个有钱的父亲当选美国总统有关，但是更和她独特的气质和魅力息息相关，相比于她的兄弟姐妹，她更有资格担当特朗普家族的事业和名声，更有资格代表特朗普家族获得成功，而这也是本书的一个切入点。

事实上，本书大致上对伊万卡的成长作了简单描述，尽量实事求是地对伊万卡的个人特质进行描写。作为一个公众人物，没有人会是完美的，在这里本书无意去讨论伊万卡所面临的那些争议，也无意去深度挖掘隐藏在背后的那些全方位的信息，而是单纯地讲述伊万卡这个人，单纯地讲述发生在她身上的那些事情，以及她所具备的某些特质。由于每个人对于伊万卡都有不同的看法和认识，但本书仅仅代表作者个人的观点。可以说，本书所写的就是一个富二代如何通过自己的努力来获得成功，并打造独特个人魅力的故事。

本书并不是一本自传，也不是讲述人物经历的故事，而是更加侧重对人物某些特质的表现，并通过这些特质来丰满人物的形象。书中的语言比较平实，内容通俗易懂，而且结构比较清晰，读者阅读起来比较方便。需要注意的是，由于所收集到的有关伊万卡的资料并不多，写作的过程中难免会有一些重要的信息遗漏，在此也希望读者能够谅解。

第一章

成长过程中，最值得依赖的永远是自己

我的字典里，没有理所应当，任何成功都必须要靠自己去争取。

1.起点再高，一切也要从零开始

我们不可能有享受继承的机会。我们从小就没有信托基金。家庭教育告诉我们，没有人会为那种无目的的奢侈生活埋单。

——伊万卡·特朗普

1981年10月30日，一个美丽的小女孩出生于美国纽约，对于小女孩的降临，在很多外人看来简直就是一次最幸福的投胎。事实上，小女孩的母亲伊凡娜是当时有名的模特，无论是相貌、身材还是学历都无可挑剔，是大家公认的大美人，而小女孩一出生就继承了母亲的美貌，哪怕只是在襁褓中啼哭的婴儿，大家也都认为她一定是个美人坯子。

小女孩的父亲唐纳德·特朗普则是一个子承父业的地产大亨，

帅气、多金，是当时社会名流中颇为引人关注的成功人士。由于特朗普身家不菲，以至于小女孩一出生就享有21亿美元的财产继承权，就有豪华游艇和一座有140个房间的超豪华别墅。这样的待遇可不是每一个孩子都可以享受到的，可以说小女孩是真正得到上天眷顾的幸运儿。

小女孩的父母都为这个可爱的小宝贝的降临感到开心，父亲特朗普称其为妻子带来的最好礼物，作为一个地产大亨，特朗普行事乖张，但是对于女儿的降生感到非常幸福，这也是他和妻子伊凡娜最甜蜜的时刻。一开始她的真名和母亲一样，也叫伊凡娜，为了避免混淆，母女俩采用了同源变体名，夫妻俩决定给孩子起名为“伊万卡”。这是一个很常见的斯拉夫名字，但对于父母来说，这就足够了，他们希望孩子以后能够像普通孩子一样成长，能够在一个相对平凡的环境中慢慢长大。

无论如何，伊万卡是一个真正含着金汤匙出生的公主，加上出众的相貌，使得她一开始就站在了比绝大多数人都要高的起点上。当然，这并不意味着她就可以像其他富家子弟一样肆意地享受父母给予的一切，可以肆意地当一个任性的小公主。可以说，上天给她安排了最好的家庭环境、安排了最好的父母、安排了最美的相貌，但是剧本却没有按照这样的铺垫写下去——她必须将自己所拥有的一切优势清零。

在富贵之家，孩子们往往会欣然享受父母所给予的一切，这几乎是理所当然的。但是对于那些真正有远见的父母来说，给予孩子一切想要的东西并不明智，让孩子站在一个高起点上也并不合理，尽管与此相对应的是，多数父母都在煞费苦心地为孩子的将来操心，都在竭尽全力帮助孩子创造一个更高的起点。

2004年，美国心理学研究协会曾对全美30多家贵族学校进行调查，发现那些出身条件良好的学生，往往具备很强的优越感，他们不喜欢吃廉价的汉堡和可乐，不喜欢谈论工作，不喜欢住在宿舍楼里。在言谈举止上，大约有95%的富贵学生具有不同程度的“优越感”，他们更习惯于以自我为中心，更习惯于将自己看得与众不同。而在同年的另一份有关青少年犯罪的报告中，研究人员发现，和贫困街区一样，富家子弟的犯罪率始终居高不下，他们甚至更容易忽视自己对他人的伤害。而一切的根源就在于很多富家子弟都认为自己是独一无二且高人一等的，他们习惯了成为大家关注的焦点，习惯了成为人人追捧的对象，习惯了颐指气使，也习惯了高高在上的那种快感。

美国一些著名的教育学专家认为，家庭教育的失败是导致孩子过度高估自己能力，并习惯性自大的原因，而家庭教育的失败案例在有钱人中更容易出现，她将其称为“被财富引爆的失控状态”。玛丽呼吁所有的父母都要培养孩子正确的认知能力和价值观，要将孩子放在低位来进行培养，而不是想办法为他们提供一切便利。

的确，有个良好的家庭往往会对个人的生活和工作带来很多积极的帮助，至少起点就会比一般人高，所占有的社会资源也要比一般人多得多。不过人生的路终究还是要靠自己来走，每个人都需要依靠自己的力量去生活，父母再有能力也无法完全替我们铺路，对此伊万卡的父母心知肚明，他们可不会随随便便就让子女从小养成坐吃山空，等着吃父母资产长大的坏习惯。

很显然，特朗普和伊凡娜一直都是那种有远见的父母，他们喜欢伊万卡，而且几乎将她视作生命中最重要的部分，但这并不意味着他们会在子女教育这件事上纵容自己的情感，会表达出一些愚蠢的、自私的爱。他们对孩子提出的一个基本要求就是让她像一个普通孩子一样成长，这也就暗示了他们不会特意地为孩子提供更多强有力的帮助。

事实也是这样，伊万卡在成长过程中并没有得到太多的优待，她曾在自己的书中提到了一件事情。在15岁左右的时候，她被父母安排在贵族寄宿学校乔特罗斯玛丽霍尔中学念书，这也就意味着她必须住在学校里。这是伊万卡不能忍受的，因为她觉得自己就像是坐牢一样被困在学校里了，而纽约的朋友们则每天都可以自由自在地生活。而且在那个时候，父亲特朗普的地产生意已经风生水起，只要她愿意就可以继续像过去一样住在父亲地产公司建造的大楼里，那几乎是她家族里的一个标签，作为家里的长公主，她没有任何理由不优先享受这一切。

但是父母亲却没有纵容她，而是强调了她只能住在学校里，和其他同学一起安心地适应校园生活。从以前的地产公司大楼到普普通通的寄宿大楼，尽管从住宿的角度来说，并没有任何区别，但是这样的落差对于一个千金大小姐来说自然有些难以接受。为此，她不得不强迫自己改变“我是地产大亨女儿”的优越感，而像其他学生一样安心地住在学校里。那个时候，她突然意识到了一点：“我们必须从全新的角度看待现实世界，包括忍受用别人的名字命名的宿舍楼。”

这句话听上去更像是少女心破裂后的一个小抱怨，但事实上从那一刻开始，她已经明白了自己的角色定位，那就是一个普通人家的女儿，或者尽量成为一个普通的女孩子。这些当然是父母对自己的期望，也是她日后不断提醒自己的一个准则。

还有一次，伊万卡去法国旅游，在回国时，由于路途遥远，她准备购买一张头等舱的机票，可是这个想法被母亲拒绝了，任凭她怎么央求，母亲就是不同意。她最后还是给孩子购买了经济舱的座位，原因很简单，伊凡娜并不希望出生于富豪之家的伊万卡养成不良的习性，不希望伊万卡成为一个耽于享受，并一味追求富贵生活的人。对于一个见识非凡的母亲来说，如何让孩子像同龄的其他孩子一样感悟生活、为生活而努力，这才是她最想要看到的结果。

在生活的其他方面，父母也同样没有将伊万卡当成公主来对待，虽然在日常生活中，她会接触私人飞机和游艇，也住在人人羡慕的豪宅里，而且每天都可以享受到世界各地不同的美食，但实际上这些先天具备的条件并没有让她变得高高在上，在离开家庭之后，她就和其他孩子一样，吃最常见的食物，玩最简单的游戏，结交一些最普通的朋友。

伊万卡自然也慢慢明白了父母对自己的期望，那就是“忘记自己是富家千金”这回事，她要做的就是放下内心的优越感，成为一个很普通的女孩子。而最重要的是，她必须坦然接受生活中那些最平淡的安排，必须独立自主地去面对那些需要解决的问题。

虽然相比于其他人，伊万卡具备得天独厚的优势，我们甚至可以想象一下，即便她不够努力，即便她真的把自己当成一个公主来看待，她也有足够的资本去享受人生，但是对于她来说，由于从小接受父母的熏陶和教育，对于人生有了更加正确的理解，她明白自己需要什么，也明白自己应该怎样去做。

事实上，决定人生高度的并不是起点有多高，而是你最终能够走多远，先天的条件并不能决定我们最终的成就，只有放低姿态、清空自己，然后在生活中不断进行充实，我们才能够获得更多，也才能够活得更加精彩。而伊万卡正是如此，慢慢为自己日后的成功奠定了基础。

2.不劳而获的人永远是可耻的

我的字典里，没有理所应当，任何成功都必须要靠自己去争取。

——伊万卡·特朗普

对于富裕家庭来说，钱似乎从来都不是问题，富家子弟有权利也有欲望去随意花父母的钱，在他们看来，这些钱就是让自己生活变得更好的一个保障。正因如此，富二代和富三代在对待金钱方面往往存在错误的价值观，而父母们通常并不愿意对子女管束太多，但特朗普和伊凡娜并不如此，他们非常注重对孩子独立性的培养。而为了培养孩子的独立性，他们先在经济上提出一些苛刻的要求，很显然，他们并不准备让孩子随心所欲地开销和挥霍，而是要求他们自己想办法赢得想要得到的东西。

疼爱孩子并不意味着将会赠予他们一切，这就是特朗普的教育之道，事实上，特朗普虽然也是子承父业，但多年来一直都是在独自打拼，将父亲的遗产慢慢扩展成为一个庞大的财富帝国，这在富二代中并不多见。他一直都主张："父母可以爱孩子的一切，但不能给予孩子一切他们想要的东西。"

母亲伊凡娜也是一个自理自立能力很强的女人，出生于捷克的她，曾经是一名运动员，从小就经受最严格的训练，之后更是独自一人到美国打拼。丰富的人生阅历也让她深深地意识到一点："如果想要让孩子健康成长，那么就要让他们学会自立。"

在子女教育这件事上，夫妻俩向来保持同步姿态，伊凡娜曾经说过："如果我对孩子们说'不'，他们会去找自己的爸爸：'爸爸，我们能得到这个吗？'特朗普会问：'你们的妈妈怎么说？'孩子们会告诉他：'妈妈不同意。'特朗普就会告诉孩子们他也不同意。"

在父母的严格要求下，伊万卡并不会像其他富家子弟一样要风得风，要雨得雨。根据伊万卡自己的回忆，说她的父母只给够学费和普通家庭孩子的生活费，如果伊万卡想要购买其他东西，就要自己想办法弄到钱。整个家庭给她灌输的是，要什么必须靠自己去争取，靠自己的双手。父亲特朗普是一个非常精明且富有争议的商人，但是却一直非常自豪地认为自己所拥有的一切都是打拼而来的，没有一分钱是不劳而获的，况且世界上所有的不劳而获最终都会失去。

可能特朗普也早就见惯了美国式富二代的奢侈生活，明白那些富家子弟每天挥霍无度的行为，在他看来那些孩子并没有真正理解挣钱的艰辛，并没有意识到所拥有的一切并非自然而然。为了让女儿意识到这一点，他经常告诫她说："不劳而获是一种耻辱。"这样的话，伊万卡几乎从小听到大，所以她能够明白父亲的良苦用心，也明白自己最终应该怎样去获得自己想要的东西，那就是依靠双手。

这位父亲也许并没有完全将自己的教育方式践行到底，在伊万卡7岁的时候，为了奖励这个宝贝女儿，特朗普一冲动就给女儿买下了一颗贵重的钻石。也许是意识到自己可能在教育问题上有些松动了，特朗普接下来非常郑重地告诫女儿以后她能够依靠自己的努力去获得更多、更好的钻石。

伊万卡实际上并没有为这一次的馈赠而受到影响，即便从最实惠的角度来说，这颗钻石也无法拿去换一袋零食、一件漂亮的裙子或者一个好玩的玩具，至少对孩子来说，钻石似乎并没有多少价值。另外，父母的教诲已经影响到她，伊万卡对钱有了更为清晰的认识。

那个时候，伊万卡在寄宿学校上学，经常要打电话回家，这几乎是她表达对父母思念的一种常见方式。但是母亲伊凡娜却在某一天正式通知她，让她自己去想办法挣那些通话费。当伊万卡告诉同学自己准备做暑期工，以及准备做家务活换取零花钱时，很多人都感到诧异，难道一个刚出生就身家达到21亿美元的富家千金，还要为电话账单而工作？这简直闻所未闻，就是像比尔·盖茨和巴菲特这种声称将大部分身家捐献出去的大富豪也不会如此对待自己的子女，至少他们不会告诉子女说："以后的电话账单你得自己支付，因此你需要挣钱养活自己了。"

但也许正是因为唐纳德·特朗普和伊凡娜的家庭教育足够严

格，才使得伊万卡从小就变得自立自强。很多孩子在学生时代会在学校里炫耀自己的新衣服、新鞋子，会在学校里谈论自己准备本周末去吃名贵的意大利食物，但是伊万卡很少谈论这些东西，尽管她喜欢这些东西，却也明白如果自己想要拥有更多东西，就需要自己去挣钱获得，而不是向父母要一笔钱来开支，而实际上父母也未必真的会给她钱。

伊万卡的一个朋友透露说，伊万卡曾经看中了一套衣服，非常想要买下来，可是却不能支付足够的钱，实际上那件衣服的标价对于她这样的富家千金来说不过是毛毛雨，但是她却勉为其难地说："我可能需要为此工作几个月才能获得。"朋友非常诧异，以为伊万卡和父母闹僵了，还准备借钱给她买衣服，但是伊万卡委婉地拒绝了。

正是因为从小就接受了如此优良的家庭教育，所以养成了自立的好习惯，伊万卡从来不会像其他富人家的孩子一样挥霍，不会肆意购买奢侈品，因为那需要做大量艰辛的工作才有可能获得。尽管父亲给她提供了最优渥的家庭条件，但她仍旧表现出了比同龄人更加成熟的一面，而这也为她日后的独立自主奠定了坚实的基础，也为她在人生的奋斗中提供了最大的帮助，更重要的是，她对于财富的理解明显要比平常人高出很多。

3.修炼内心，接受生活的洗礼

当你很难改变一样东西的时候，你必须学会接受它。爸爸养育了我们，给我们带来财富，同时也试图让我们围绕在他的身边。

——伊万卡·特朗普

特朗普是一个非常强势和精明的商人，在生意场上的自制力非常强，但是在感情上却有些自我放纵，而且名声并不太好，他一生结婚数次就是最好的证明。在和伊万卡的母亲伊凡娜结婚之后，特朗普虽然和妻子生下了三个孩子，但是很快厌倦了这段感情，并且开始结识更加年轻漂亮的女性。那个时候，特朗普婚内出轨的事情弄得几乎人尽皆知。伊凡娜为了保全孩子，也为了保全自己和特朗普的感情，一直没有提出离婚。

但是在伊万卡9岁那年，父母之间的矛盾开始彻底激化并爆发出来。有一天特朗普的情人找上门来，公然地向伊凡娜宣战。事实上伊凡娜也早就忍无可忍了，作为一个独立性很强的女性，她根本不能容忍丈夫的情人如此明目张胆地闹到家里来，所以双方很快出现了一场旷日持久的“大战”。

这样的闹剧持续了好几个月，伊凡娜开始心灰意冷，对特朗普也失去了耐性，那个时候，特朗普、伊凡娜与特朗普情人之间的三角大战戏码几乎每天都会出现在美国的花边新闻里，而伊万卡和兄弟姐妹也不可避免地成了报纸和杂志的报道对象。就在这个时候，不甘示弱的伊凡娜将自己的丈夫告上了法庭，要求对方支付巨额离婚费，接下来这对原本恩爱的夫妻开始了长达十三个月的离婚大战。而在伊凡娜不依不饶的斗争下，这场离婚案最终在特朗普同意支付2000多万美元分手费后结束，当时伊凡娜获得特朗普支付的一次性赔偿现金1400万美元，每年35万美元的抚养费，一座价值1200万美元的豪宅，以及三个孩子每人每年10万美元的抚养费。

对于任何一个孩子来说，这十三个月都是其人生中最灰暗的时期，他们和父母一样备受折磨，毕竟谁都无法容忍一家人隔三岔五上头条。伊万卡年纪很小，但是大家都知道她是特朗普和伊凡娜的掌上明珠，而且很早就出现在公众面前，因此媒体更愿意将她当作采访的突破口，希望能够从这个小孩子身上挖掘更有价值的信息。正因如此，那个时候，每次放学，都有一大批记者堵在学校门口，他们会想方设法弄清楚当天究竟是谁来接走这位天命之女。一些无良的记者甚至把话筒递给伊万卡，让她谈论一下父母离婚的感受，谈一下父亲的情人在报纸上所说的那些极其露骨的肮脏字眼。

对于一个孩子来说，这是极其残忍的行为，伊万卡对生活一下子就憎恶起来。更使她憎恶的是，当父母离婚后又立即各自组建了新的家庭，伊万卡一时不知道该如何面对新的父母了。

有一个细节，那就是幼年的伊万卡曾经和父亲、继母合影，但是她很害怕地拽着特朗普的衣裳，这张尴尬的合影实际上是伊万卡童年心理的一个缩影。但是伊万卡自始至终面对生活都展现的是完美的一面，这需要相当强的戒备心理。2007年，伊万卡在接受*GQ*杂志的采访时谈到了父母离婚事件对她的影响，并且吐露了童年的心声："如果不是拜这件事所赐，我可能不会这么强势，这教会我不去相信任何人，永远不能放下戒备，而且自那之后我也确实没有放松过警惕。"在父母离婚时，她经历了相当大的心理落差和挣扎。

对于任何一个面临父母离异和家庭变故的孩子来说，这都是可能发生的状况，何况有这样一个强势的继母。事实上，在很多离异家庭中，孩子的成长尤其是心理成长会承受很大的压力，孩子最终可能变得非常孤僻、不合群，可能会本能地对周围充满仇视，也可能会丧失对生活以及爱的热情。心理学家认为70%以上离异家庭的孩子都存在不同程度的心理问题，而实际上这个数字可能要比调查数据更高一些。

面对父母离婚，如何开始新的生活，如何正确地对待身边的人，如何处理身边的事，这些都是孩子必须面对和解决的事情。如何面对和解决这些事往往决定了他们在日后生活中所扮演的角色以及所持有的价值观。不过对于孩子来说，想要做得更好往往很难，这需要非常强大的心理承受能力和自我调节能力。

对于伊万卡来说，从小独立的她有着同龄人不具备的成熟和强大心理，因此当媒体肆无忌惮地对她提出各种无礼的问题时，她变得更加强大："我想听那种问题吗？当然不想。这些可怕的事情让我突然意识到，这个世界可以多丑陋。不是说苦难是财富吗？这些事情对当时还在青春期的我来说，确实是一笔财富。"她不可能像过去一样同时牵着父亲和母亲的手，既然一切都无法改变了，那么只有慢慢去适应这种生活。事实正是如此，生活中的巨大落差很快让她见识到了生活的本相，她明白父亲和母亲所做的一切决定也许对这个家庭来说是最好的选择了，而她自己也在生活的变故中变得更加成熟。几乎在一夜之间，伊万卡就接受了一生中最残酷的洗礼，并快速成长起来，关于这一点，她曾经在自己所写的《特朗普王牌：工作和生活的双赢之道》这本书中进行了回忆，她从父母的离婚事件中慢慢意识到了人的一生中不可能永远有人会成为自己的靠山，任何一条路都需要依靠自己慢慢走出来。"世界上有很多种家庭关系，在我家，父亲只会顾自己。比如你说，下雨了老唐！他会说，没事啊，我在家里。总之他不会想到你，你得自己想办法。"

这就是一个10岁孩子的觉悟、一个10岁孩子对于生活的理解，从小就被要求独立自主的她变得更加自立和强大，与此同时，生活的波动也让她感到了人生的脆弱，感受到了家人的无奈，而在这样的情况下，伊万卡小小年纪就学会了如何去关心家里的每一个成员。她曾这样说道："他们的离异却以一种奇怪的方式拉近了我与他们的距离，也让我和兄弟们更加亲近。离婚绝不是件好事。你很容易理所当然地觉得家庭就那么回事，但是当父母离婚以后，你会觉得家庭很珍贵，不会再想当然地对待很多事情。”

父母离异，各寻新欢，这对任何一个孩子来说都是一种伤害，但她却在这样一团糟的情况下慢慢向家里的每一个人靠近，学会珍惜，不让自己被边缘化。事实上在父母离婚后的很长一段时间，伊万卡的哥哥和弟弟都不喜欢和特朗普见面，也拒绝和他说话，他们从来不会主动和父亲在电话里通话。伊万卡虽然不喜欢父亲找的继母，也对母亲找的男朋友很冷淡，但是却对父亲非常温和，每天都打电话给父亲。

她喜欢母亲，但同样喜欢父亲，这份爱并不会因为离婚而消失，尽管她在父母破败的婚姻中受到了很大的伤害，但是这种伤害实际上让她对父亲更加期待，并且想办法去赢得父亲的喜欢。所以那个时候，尽管她一直都住校，但是每天都会准时和父亲通电话，主动和父亲接近。这样的举动让特朗普非常感动，也非常庆幸自己还能够和女儿保持这种关系，这也是特朗普多年来一直都钟爱女儿的原因。

在与父亲的不断接触中，伊万卡找到了暌违已久的家的感觉，尽管这样的感觉仍然是破碎的，但是对此她已经很知足了。对于父亲特朗普来说，他也非常感激女儿给自己继续爱她的机会，继续给他修复父女关系的机会。而对于母亲伊凡娜来说，她非常内疚自己给孩子造成的伤害，尽管自己对特朗普有些失望，但孩子是无辜的，她不希望孩子因此而面临困境，所以她从不干涉孩子与他们的父亲联系，而且还非常希望孩子们与特朗普保持亲密的关系，而伊万卡能够如此释然地处理家庭关系，这让伊凡娜感到放心和骄傲。

由于懂得如何正确地处理自己和父亲的关系，懂得如何正确地面对复杂的新家庭关系，伊万卡变得更加理性和成熟，对于生活的承受能力也变得越来越强。这也让她能够更加从容地处理生活上的事情，人们慢慢发现这个坚强独立的小女孩虽然不再像过去那样无忧无虑，但她还是尽可能地保持了过去的可爱与独立自主，还是尽可能地保持了自己对爱的感悟能力。当然，生活的落差还是或多或少地影响到了她的性格，这个时候她突然变得好强起来，由于更加专注地想要重新引起父亲的关心，想要重新证明自己的存在，她将那种期待变成了一种前进的动力，虽然自己不能再把父亲无条件的爱当成理所当然的心态，但是同时也刺激伊万卡想办法去做一个更优秀的孩子、更优秀的人。

4.成长就是努力让自己变得更加优秀

父亲喜欢让孩子们有生活压力。

——伊万卡 · 特朗普

自父母离婚后，伊万卡变得更加敏感，而且开始意识到一切只能依靠自己，所以她唯一的办法就是尽量让自己变得更加优秀，只有这样才能重新引起父亲的关注，才能让母亲从新家庭中分离出更多的爱投注到她身上。

其实一直以来，特朗普就对子女非常严格，并且按照最严格的标准来教育子女。在特朗普看来，想要让孩子健康成长，想要让他们变得更加有责任心，想要让他们更具能力，就一定要给孩子施加更大的压力，要让他们从小就感受到生活的艰辛。所以他并没有给孩子们提供太多的帮助，而是让他们自己努力，让他们注重自我提升。

比如，在伊万卡6岁的时候，父亲特朗普就开始教她如何炒股，当其他孩子还在把弄手里的玩具时，伊万卡就表现出了与同龄人不相符的成熟。不仅如此，特朗普还主动让她去工地玩耍，让她接触挖掘机、吊机和铲车，他似乎从来都不担心自己的女儿会变得和男孩子一样。

由于聪明乖巧，父亲和母亲一直都非常喜欢伊万卡，特朗普更是以自己的女儿为傲，他经常带着女儿参加各种活动，向别人介绍自己的女儿，并且在宾客和朋友面前从来不吝惜赞美之词，认为自己的女儿是整个纽约最漂亮、最优秀的女孩子。

对于伊万卡来说，让父亲为自己感到自豪大有必要，这一点在父母离婚之后变得更为迫切，她曾经一度担心父亲和母亲在各自成立新家庭后会忽视她，她需要继续保持自己的存在感，自然也需要表现得更加出色一些。而伊万卡从未让父亲失望，不仅会大方地将自己满是A的成绩单给父亲的朋友们看，还能够同他们坐在一起顺利地交谈，并且毫不怯场，这些都让特朗普感到很满足。

在父母离婚后的很长一段时间里，伊万卡一直都显得有些谨慎，尽管她努力在父亲面前装作很自然，但是却一直注意自我克制。在其他方面也是一样，她几乎很少犯错，脑子里总有一个声音在不断提醒她："你需要表现得更好、更完美一些。"后来在某次接受媒体采访的过程中，伊万卡坦然揭露了自己童年时期的那一段压抑而真实的情感状态，她认为那个时期自己最担心的就是哪一天自己考试考得不好，或者在某一件事情上做得不好，让父母感到失望，又或者犯下一些不被父亲所允许的错误。她看到过自己的兄弟由于不听话而被父亲指责，也看到了继母在生活中由于太过懒散、太过随意、不遵守父亲制定的各种法则而遭受批评，所以她千方百计地避免犯下同样的错误，千方百计地不给父亲任何指责或疏远自己的理由。对于一个孩子来说，这种压力和自制力的确会造成很大的思想负担，但是从个人成长的角度来说，也的确逼迫着伊万卡不断变得更好、更加优秀。

有一件事伊万卡记得清清楚楚，那就是一次一家人准备飞往佛罗里达，当时所有的人都准时坐上了飞机，由于伊万卡的继母平时喜欢化妆且懒懒散散，为此迟到了5分钟，而且在她看来自己身为家里的女主人理所应当地享有这样的优势，她觉得自己有那样的特权——让飞机多等自己几分钟时间。但是特朗普并没有因为对方是自己的妻子、家里的女主人而纵容她的延迟，他看时间到了就立即让飞行员起飞，结果那天伊万卡的继母没能赶上飞机。

尽管事后继母非常生气，但是特朗普毫不动容，因为在他看来，在整个家庭里没有任何人是特殊的，每个人都要遵守家里的规则，家庭中不会允许违背规则的情况存在。无论谁做错了事情都要受到惩罚，无论谁违背了原则都要遭受特朗普的指责。而在公司也是一样，哪怕是特朗普的子女犯了错也一样会受到惩罚。所以他绝对不会因为对方是自己的家人而有所包庇和纵容，反而严格约束家人的一举一动。正因如此，伊万卡一直表现得非常好，她不会做出任何让父亲不高兴的事情，她时刻都在约束自己的言行，以赢得父亲的认可。

除了想要赢得父亲的欢心之外，伊万卡一直都明白自己的生活环境，明白当一个人出生优渥，拥有别人无法比拟的巨大优势时，别人会将自己身上的缺点放大，而将一些优点抹杀掉。她认为这一切或多或少会带来一点阴影，因此她还是需要让自己变得更加优秀和成功，还是要让自己变得更加出类拔萃、引人注目。

她知道那些等着看她家笑话的媒体，一直都希望能够再扒出一两件丑事来博取大众的眼球，也许这些丑闻还会是父亲同某个少女的花边新闻，或者是父亲同某一个已婚妇女的绯闻，又或者是特朗普家族子女挥霍无度的败家新闻。对于父亲种种荒唐的行为，伊万卡无权过问和干涉，她唯一能做的就是像父亲教导的那样，成为一个更加优秀的人，所以无论如何，她都需要表现得更加出色，而不是像其他富二代、富三代那样给家里添堵。

伊万卡向来好脾气，但是对于媒体，她一直都敬而远之，而且由于童年的阴影仍然存在，导致她对那些无良媒体保持着很强的戒心。而与此同时，她也尽量希望自己能够洁身自好，能够像一个大家闺秀一样维持住特朗普家族的名声。

所以伊万卡和兄弟几个一直以来都将自己关在家里读书，偶尔出去玩耍也是规规矩矩，穿着非常得体。无论是老师还是同学，他们印象中的伊万卡都是一个学习成绩优秀、听话懂事的孩子，她很少穿一些奇装异服来学校上课，在青春期，她虽然也会追求一些美丽的衣服，但是很少像其他同学那样穿一些昂贵的或者暴露的服装。她似乎一直都在提醒自己必须时刻保持一个好的形象，必须让自己变成一个学霸级别的人物，至于其他方面，她根本没有花费太多时间去想。

在学校里，对于兄妹几个来说，读书成了一种非常好的精神寄托，伊万卡更是一门心思投入学习。这一点并不难理解，因为当整个家庭支离破碎之后，她产生的一个偏激想法就是“一切只能依靠自己”，尤其是当父亲找到了新女友，而母亲也拥有了新男友之后，这种想法一直都在提醒她变得更好。

实际上，伊万卡曾经在著名的女子学校——查宾学校念书，后来又进入贵族寄宿学校——乔特罗斯玛丽霍尔中学，乔特罗斯玛丽霍尔中学是全美排名前三的贵族学校，入学者不仅要有丰厚的家底，还要具备出色的成绩。勤奋好学的伊万卡一直以来都是班级里的优等生，这一点比起其他富家子女来说无疑要好得多。当年教伊万卡的老师曾回忆说：“她看上去并不是那种特别沉闷的人，她知道如何处理好学习和生活的问题，她也会像其他少女一样偶尔贪玩，但是在上课的时候，她一定是全力以赴的，她的成绩说明了一切。”

对于伊万卡来说，她的确一步步让自己变得更加优秀，但这不仅仅是一些学习上的努力和变化，更重要的是，在这一时期，她养成了很好的生活习惯、学习习惯，也培养了很多成功者必备的特质，如更加坚强、更加勤奋、更加独立、更加积极乐观。

就像她在寄宿学校里所做的那样，她开始想办法节省生活费，想办法外出打工挣点零花钱，开始独立在父母的庇护之外生活，开始想办法承受生活的种种压力。不仅如此，她还更加乐观积极地看待生活中的一切，还努力想办法依靠自己的力量来改变自己所能改变的东西。母亲伊凡娜曾想去学校多看女儿几次，但是却渐渐发现女儿突然像个大孩子一样，完全能够自己照顾自己了。特朗普同样如此，他虽然工作繁忙，但一直关心着几个孩子，尤其是伊万卡，但是女儿的倔强和坚强让他感到欣慰。

在某次接受采访时，伊万卡承认自己的性格大多成型于父母离婚后的几年时间里，那个时候，有关父母的教诲，她全部记在心里，一一践行，而且还对自己提出了更为严格的要求，也提出了更高的期待。“那段时间里，我感觉自己成长得很快，我的意思是自己似乎找到了一种更为积极、更加合理的成长方式。”在这里，伊万卡所提到的“成长”，其实就是一个自我铺垫的过程，可以说正是从那个时候开始，伊万卡身上所体现出来的一些成功者的特质已经慢慢成型，她开始更多地思考未来的道路，开始对未来有着更为明确的规划和更加理性的憧憬。可以说这个时候的伊万卡已经做好了人生最基本的铺垫，已经为日后的成长奠定了坚实的基础，接下来，她所要做的就是找到一个合适的方向去展开自己的人生。

而后面的事情，很多人也都知道，伊万卡果然成了一个优秀的孩子。尽管特朗普的几个子女都非常优秀，他们无论能力还是品德在富家子弟中都是佼佼者，但在众多子女中，伊万卡无疑是最让特朗普放心也最令他器重的一个，大家都在谈论这样一个事实：“那么多子女中她肯定是最好的那个。”

第二章

丰富而完整的人生应该从梦想开始

做模特不会成为我追求的事业，当然，化一个美美的妆，在各个时尚秀中奔走，这确实挺有意思，可是很小的时候我就知道，我想继承父亲的事业，进入房地产业。房地产才是我真正的事业。

1.勇敢追求自己想要的东西

如果我喜欢一样东西，那么我就不会放弃追逐。

——伊万卡·特朗普

当伊万卡十几岁的时候，身材变得更加高挑起来，加上继承了母亲伊凡娜的完美容貌以及父亲特朗普的姓氏，有一些娱乐圈人士慢慢看中了这位美少女，他们想要将其打造成纽约的一个名媛。

一天，有个朋友推荐伊万卡去当模特，而且这个朋友还联系了模特公司，当公司派人来看伊万卡时，对她的身材和相貌非常满意，于是决定让她试镜，伊万卡很快被对方挑中，并且希望能和她签约。经过一番思考之后，伊万卡渐渐有些动心了。

伊万卡之所以想要进入模特行业，或许和她小时候的经历有关，如在回忆自己的童年时，虽然伊万卡承认父母一直都希望让自己像普通小孩子一样生活，但在很多时候她却经历着和普通人家的孩子完全不一样的人生。她曾在接受采访时说："从小就学习钢琴、芭蕾，8岁时就去巴黎看最顶尖的时尚展，但我的父母却从来没有亲自带我去中央公园玩过。"虽然有些委屈，但也证明了父母的培养方向有别于其他人。

在这样的生活环境中，伊万卡必定会受到一些影响，她自然对模特行业有了憧憬。而现在，当机会来临的时候，她毫不犹豫地渴望进入娱乐圈和时尚圈去尝试一些新的生活，至少光鲜亮丽的模特生活让她感到非常好奇。

另外一方面的原因也很重要，那就是钱，伊万卡不可能从家里获得更多的零花钱。而对于一个正在享受青春的少女来说，外面花花世界的诱惑几乎不可避免，尽管她不是那种挥霍无度的女孩，但是也希望买到一些更美的衣服、鞋子和包包。伊万卡知道自己是时候找一份更加稳定也更挣钱的职业来养活自己并满足自己的消费欲望，而当模特是一个来钱比较快的方式。

在好奇心和生活需求的推动之下，她开始计划着进入模特行业，当然，作为一个十几岁的孩子，她还在上高中，在这种情况下，无论是学校，还是父母，可能都不会同意。但伊万卡顾不了那么多了，她从未如此强烈地想要成为一名模特，想要挣更多的钱，想要依靠自己的力量来改变现有的生活方式。更为重要的是，她对未来的生活充满了新奇感，也许和父亲、母亲一样，她从小就有一颗娱乐的心，她需要更多自我展示的舞台，需要那些明亮的镁光灯，需要人们关注的眼神。在此之后，她非常激动地告诉自己："这会是一次有趣的尝试。"

做出决定后，伊万卡就打电话给自己的父母，告诉他们自己准备去当模特，父母当时都为她的决定感到吃惊，尽管他们一直都不会干涉孩子们做出的决定。1997年，唐纳德·特朗普在接受《纽约时报》的采访时，特意提到了女儿去当模特的事情，一开始，特朗普和前妻伊凡娜都不太赞同伊万卡当模特的想法，实际上，从不掩饰自己爱美之心的特朗普对于这样一个外表出众的女儿自然是不遗余力地培养，也许在特朗普的内心里，女儿必须成为一个精心雕琢的人才，必须成为全纽约甚至整个美国最出色的女孩。但是特朗普作为一个父亲也明白一旦进入模特行业就意味着她必须从学习中抽出时间，或者意味着她必须比同龄人更加辛苦。此外，特朗普知道对于一个十五六岁的小女生来说，外面的一切都是新奇且具有诱惑力的，这是一个三观不稳定的年龄段，因此他非常担心女儿会因此走上岔路。至于伊凡娜，她自己是模特出身，也吃过很多苦，自然明白这一行的艰辛，她不太希望女儿重走自己的老路。

看到父母都不太同意，伊万卡只好不断给他们打电话，并且明确表示自己不会因为当模特而耽误学业，更不会走上歪路。向来对女儿很关心的特朗普最终点头同意，而且他也希望女儿可以找到一份稳定的职业来挣钱养活自己，所以他在女儿进入模特行业这件事上，表现出了一个父亲开阔的胸怀："只要她的学校允许，并且不会影响她的成绩，那么我就允许，毕竟这是一个快速发展的世界，我从来不会让她要风得风、要雨得雨。"

特朗普的松动和开明让伊万卡感到幸运，她知道父亲在对待孩子的教育方面向来非常严格，总是严格约束孩子们的行为，总是督促孩子们去完成学业，可以说在整个家庭中，父亲最看重的就是教育，无论是哪一个孩子都必须读书，而且都必须读得很好，特朗普希望孩子们可以用知识武装自己，可以在知识中获得成功之道。特朗普的一些朋友透露说：“这个脾气古怪的家伙在孩子的教育问题上很少做出让步，尽管他一直都在给孩子更大的空间，一直都试图让孩子变得自立自强，但是对孩子的要求就是‘好好读书’。”

特朗普本人也说过，自己根本不会给孩子轻易留下什么，孩子如果想要变成合法继承人，想要将家族生意扛在肩上，就需要接受更好的教育。很难想象一个满口都是金钱的商人会如此重视教育，但这就是他的性格特征，就是他有关事业、有关成功的一个重要要求。

现在特朗普决定给女儿这样的机会，主要的原因就是坚信女儿会实现承诺：不荒废学业。或者说他所等待的就是得到女儿的一个承诺，他希望自己的孩子可以在某一项工作上做得很棒，同时又不至于耽误学习，这就是他期望得到的最好结果。

而对于伊万卡来说，这是一次很好的开局，她终于可以自己做主去决定应该做点什么，也终于有机会真正做到经济上的独立。而最重要的一点是，她开始意识到自己是有权利去追求喜欢的东西的，而且有必要为此做出坚持和努力。在伊万卡做出这样的决定并坚持这个决定后，特朗普说了这样一句话：“这才应该是我的女儿，看起来她长大了。”很明显，向来家教严格的特朗普实际上无形中一直都在牢牢掌控孩子的命运，孩子们常常担心自己做得不够出色，因此会以父亲为轴心，围绕着他去生活，但现在伊万卡开始试图改变这种情况，尽管说不上叛逆，但却是一个非常好的开始，证明了她开始真正意识到自己需要对自身命运进行规划和掌控。这一份勇敢和执着是特朗普最为欣赏的，何况这个女儿从小到大一直都很优秀，一直都让他感到骄傲和自豪，因此他愿意继续松绑，让女儿去寻找属于自己的生活和事业。

无论如何，伊万卡最终还是说服了父母，那个时候，虽然她知道自己将面临学习和工作上的巨大压力，这个压力对于一个上高中的孩子来说有些严酷，但是她显得格外开心，毕竟从这一刻开始，属于她个人的生活正在慢慢铺展开来。尽管自己走出的这第一步并不算是什么规划，但对于伊万卡来说，这是她真正实现自立，进入社会并开始挣钱的第一个机会，她必须好好把握。

2.要么不做，要做就一定做到最好

我们家的文化就是做事情要有目的，要做出最大成绩。

——伊万卡·特朗普

“当我想要做一件事的时候，我的脑子里只有两个选择，要么立即放弃，去做其他事情；要么努力将这件事做到最好。‘我做了’以及‘我能做完’对我而言都是一种亵渎，这些想法会摧毁我正在努力变得伟大的那颗心。我不觉得每一个人生来都是要完成什么大的使命的，我觉得哪怕只是在一些非常卑微的小事情上，也理所应当地展示出最佳的状态，理所应当地让自己做到最好。只有‘最好’才是值得我为之奋斗的，如果我没有这样的期望和高要求，那么我的工作很快就会被无聊、麻木、重复、平庸所替代，我将被湮没在一大堆毫无特色的繁冗工作当中。我不能容忍自己被一颗追求平庸的心摧毁，我不能容忍自己被一个‘尚且过得去’的结局欺骗，一切的一切都要从追求最好的目标出发。”

以上是美国著名演员丹泽尔·华盛顿在演讲中所说的一段话，它提出了一个最简单也最困难的终极人生考验，那就是我们到底该怎样去对待自己的生活和工作，到底该怎样去处理好我们所钟爱的那些事情。这些几乎是每一个人都要面对的，而丹泽尔认为一个真正优秀的人不在于他能够做成什么伟大的事业，而在于他能够将自己喜欢的工作做到极致，能够拿出最佳的状态和态度来面对自己的事业。

伊万卡就是这样的人，尽管她在进入模特行业的时候只是一个十几岁的高中生，甚至谈不上对人生有什么重要规划，也谈不上已经开始正式地面对自己的人生，但是作为一个有决断力和追求的女生，作为一个成长在豪门的千金大小姐来说，她显然对自己的生活以及事业有着更高的要求。就像她在过去所做的那样，为了证明自己的存在感，为了吸引父亲的关注，她一直都非常努力，一直都希望表现出最好的一面，所以她一直都在督促自己变得更加强大、更加优秀。所以自从进入模特行业，她就下定决心要成为模特中的翘楚，虽然她曾表示自己没有想要成为一个世界级别的超模，但是她的确一直都在试图将自己的这份职业做到最好。

需要注意的是，伊万卡的外形条件非常突出，就相貌来说，即便是比起好莱坞最美的女星也不遑多让，再加上完美的身材和一米八零的身高（这样的身高在任何一个国家都是非常不错的模特资质），但仅仅依靠这些是远远不够的，她需要做得更多，需要表现得更好，她还需要形成自己独特的气质和风格。

此后，她开始学习一些最基本的模特知识，包括如何走位，如何穿着打扮，如何包装自己，如何面对镜头和寻找镜头，如何保持最佳的神态和状态。那个时候，很多女孩都在想办法抢到一个选秀机会，都在想办法为如何出风头而相互开战，而伊万卡却丝毫不在乎这一切，她利用学习和演出的机会，认真研究每场时装秀的设计风格、公关运作。尽管她学习很忙，但是依旧会把大量时间用于学习和研究如何成为一个好模特。与此同时，她也会打电话向母亲以及其他一些前辈请教，她渴望了解模特的一切并以此来充实自己的知识和认知。

对于一个正在读高中的女孩来说，想要兼顾学业和事业非常难，也需要很强的自制力和非常强大的时间规划能力。重要的是伊万卡是真正投入这项工作当中去了，尽管她的动机可能非常纯粹：可能一时想要找一点娱乐来调剂生活或者想要赚钱养活自己，又或者说是受到家庭娱乐氛围的影响，但无论是什么原因，她都将这当成了自己的工作。

伊万卡的某个同学曾经在媒体面前说过："伊万卡会成为这个行业的顶级模特，这并非因为她拥有令人窒息的美貌，并非因为她拥有一个有钱的老爸，而在于她总是比其他人更加努力、更加职业、更加专注。"事实的确如此，尽管出道时间不长，但伊万卡所展现的态度令人钦佩，她甚至会比别人花更多的时间来学习相关的知识和技能。而这种努力再结合自身出众的身材和相貌，她开始在模特行业崭露头角，并且迅速成为新人中比较受欢迎的模特。

比如，在高一的时候，她开始以模特的身份出席VH1的时尚与音乐典礼，这样的机会并不是所有人都能够获得的，这恰恰证明了伊万卡的表现已经赢得了时尚界的关注。而在本职工作内，伊万卡表现得很敬业，也很突出，那个时候她就已经经常参加国内外的各种T台秀了，还经常出席一些重要的时尚活动。

当时包括Tommy Hifiger、Sassoon Jeans等著名品牌向她抛出了橄榄枝，这让她的模特事业变得风生水起。不久之后，她就登上了*Elle*杂志以及《魅力》杂志的内页，这样的荣誉对于一个新人来说非常难得。所以就连老爸特朗普也表现得很高兴，他对外界表示自己的女儿向来都是最棒的，无论做什么事情她都会是那个最成功的人。有时候他会告诉媒体："你们看到了吗？那就是我的女儿，特朗普家族的优秀基因，那是我的杰作，她的表现总是那么出色，在我心中她就是那个最好的模特。"或者他会到处炫耀女儿的能力："实际上最漂亮的女人是我生的，她做模特赚了大钱，而不是靠我。"向来对儿女要求严格的他却一再在媒体面前赞美女儿，证明了他的确对女儿所取得的成就感到满意。

这似乎是特朗普家族的传统，每一个人看上去都那么优秀，而这种优秀来源于一种良好的家族文化和氛围。伊万卡的朋友认为她具备一种做大事的特质："她不是那种随随便便就想要制定什么远大目标的人，但是一旦确定了某一个目标，一旦她决定了要做什么事情，那么就必定会全力以赴，特朗普家族的人似乎都不习惯于做一些平常结局的事情，他们总能够达到自己最想要的结果。"

事实上，伊万卡虽然从事模特工作的时间不长，但是她却获得了巨大的成功，不仅签约数家品牌公司，而且经常参加一些最顶级的时尚活动，重要的是伊万卡依靠自己的双手挣了很多钱，她用这笔钱买了房子，买了车，颇有理财头脑的她，把收入一分为三，其中一部分现金用来投资，而其余的转化为股票和债券，她委托家族的金融管家代为打理。更重要的是，在整个模特生涯中，伊万卡获得了很大的关注，人们纷纷预测她会成为下一个国际超模，就连当时一些时尚界的大拿都看好伊万卡的表现，因为无论是从个人关注度、表现力还是外形和气质的展示上，伊万卡都达到了一个非常高的水准，考虑到她还是一个高中生，考虑到她还是一个十几岁的孩子，未来可挖掘的潜力非常大，上升的空间也非常大。

正因为大家都看好她的成长，而且她也确实获得了很高的成就，那么接下来伊万卡会沿着模特的道路继续走下去吗？作为一个孩子，她是否就此放弃学业而专攻模特行业了呢？这一切的一切都要依靠伊万卡自己做决定，至少从情感的角度来说，多数了解她的时尚人士都觉得她已经做得很棒了，而未来会做得更棒。

3.重新定位，了解自己究竟想要什么

做模特不会成为我追求的事业，当然，化一个美美的妆，在各个时尚秀中奔走，这确实挺有意思，可是很小的时候我就知道，我想继承父亲的事业，进入房地产业。房地产才是我真正的事业。

——伊万卡·特朗普

随着伊万卡在模特事业上的成功，她渐渐成为纽约城中数一数二的顶级名媛，还和前第一女儿切尔西·克林顿以及其他一些时尚圈的达人成为好朋友。但是伊万卡一直都明白，这种“绯闻女孩”式的生活方式并不是自己真正想要的，作为一个少女，她非常乐于去接触一些新鲜的事物，也并不介意展示自己独特的魅力，更重要的是她可以将其作为一种谋生的手段，至少利用模特走秀挣来的钱

可以应付自己的生活，可以购买自己喜欢的东西。但本质上，她自己并不热衷这种生活，如她后来在接受《纽约》杂志采访时突然说了这样一句话：“（做模特）只是作为满世界跑的借口罢了。”没过多久，伊万卡又在媒体面前强调：“我生下来就知道自己的兴趣不是成为娱乐明星。”

很多人从这句话中已经意识到这个漂亮的千金小姐志不在此，或者说他们已经意识到不久的将来自己可能再也不会看到一个名叫伊万卡的魅力女孩在T台上走模特步了，再也不会有一个名叫伊万卡的女孩出现在各种时尚杂志的封面上了。

事实上，伊万卡志向远大，而且对外表示“成就感来源于事业，拼搏的人生才有意义，每个人都要清楚自己的目标、自己的定位”，而这个时候，她早就将目光对准了商业，尤其是受到父亲影响的房地产业。伊万卡曾经说过自己对建筑和房地产业情有独钟，而这是特朗普家族的隐性基因，毕竟从父亲特朗普甚至从祖父老特朗普开始，这种商业野心就已经萌芽了，整个家族都希望能够在与房地产有关的行业中大展拳脚，伊万卡同样拥有这样的野心和目标。

几乎从很小的时候开始，伊万卡就总是喜欢站在她那间悬挂着麦当娜闹钟、墙壁粉刷成珊瑚色的套房里往外眺望。在她的视野中，出现的并不是芭比娃娃商店、不是中国产的可爱玩具商场、不是食物店，也不是那些充满奇思妙想的动漫城，那里有圣雷莫酒店、雄伟酒店、达科他公寓，而在她看来，那些就像是最美丽的“精灵”。

伊万卡从不否认自己对房地产业的关注，甚至一直幻想着有一天能够从事与房地产相关的工作，所以她毫不犹豫地在游戏中展示自己美好的愿望："我的童年就是在有关这些建筑的故事里度过的。从6 岁时起，我便和两个兄弟一起随父亲去'勘察'建筑工地。沙堆、起重机、测量仪，无数的工人奔走其间，然后你一点点地见证人们如何凭空建起一座真正的'城堡'，这才是最有意思的游戏！"有时候她丝毫不隐晦自己受到父亲的影响："我还记得曾在他办公室旁边的地上玩耍，用乐高或曼卡诺积木建设微型建筑，就像他用混凝土、钢材和玻璃搞建设一样。"

很多孩子都会玩搭积木的游戏，但伊万卡却是真正想着如何将其搭建出最漂亮的房子，这样的想法慢慢在其心中扩散。所以伊万卡曾在多个场合这样描述自己的理想："从我记事时开始，我就想要成为商人，我真正的热情在房地产行业。"而且特朗普也一直认为女儿在这一方面或许很有天赋，因为只要自己一提到建筑，伊万卡立即就会神采奕奕。

那么伊万卡是不是真的会喜欢上房地产业，并且直接向房地产发起进攻呢？也许她可以直接给她老爸打个电话，然后告诉她自己准备去集团公司上班，接着特朗普也许会为这个宝贝女儿留一个不错的职位和一份高薪，等着她在公司里为自己效力。在现实版的豪门故事中，这样的桥段也是不胜枚举。

当然也有人认为伊万卡根本就没认真想过要离开模特圈，她只是像一个贪玩的孩子一样暂时厌倦了这个新游戏，这是一个千金大小姐的矫情，没准儿过一段时间，她还会回来的，毕竟在这样光鲜的舞台上，有哪一个姑娘会不喜欢享受这种曝光率，况且她还是一个非常成功的模特，在不久的将来还可能会成为世界级的超模。

他人的猜测并不无道理，但是伊万卡真的决定离开模特圈了。对于特朗普来说，女儿的决定并没有什么值得令他惊讶的，他充分尊重孩子的想法，而且也明白模特圈和时尚圈终究不是一个大家闺秀该待的地方，里面的一些肮脏内幕或许会影响到女儿的价值观与前程。尽管他一直希望能够将伊万卡包装成全美最好的女孩，而且也坚信女儿不会走上歧途，但是模特毕竟是吃青春饭的，多数模特并不能长久地在圈子里混下去。更重要的是，这个女儿一直都是特朗普心里最喜欢也最欣赏的一个孩子，他希望她能够进入公司帮忙打理生意。

在诸多因素的影响下，特朗普对于女儿的离开百分之百赞成。当然接下来，他也希望听一听女儿的真实想法，看看她究竟想要做点什么，毕竟孩子还小，不想当模特了也不能赋闲在家什么都不去做。

这个时候，伊万卡明确告诉父亲自己要做的事就是经商，要在房地产行业中做出一番业绩，当然在这之前，她需要积累更多的商业知识，需要充实自己的技能。所以在和父亲的交谈中，她提出了要继续上学，而且要争取进入最好的商学院去学习。由于特朗普毕业于宾夕法尼亚大学沃顿商学院，因此伊万卡的目标就是进入这所大学学习，希望自己能够学到更多商业领域的知识，对此特朗普自然举双手赞成。

事实上，沃顿商学院被誉为现代MBA的发源地，在全球范围内备受好评，即便是按照最严格的标准来评判，它也是数一数二的。美国《商业周刊》称它为“全美最具开拓精神的商学院”，而欧洲的《金融时报》称它是“世界商学院第一”。此外，沃顿商学院所属的宾夕法尼亚大学本身就是美国八所常春藤院校之一，这种特质保证了沃顿商学院的名望和气质。更重要的是，沃顿商学院拥有75000多名校友组成的全球最大的商学院校友网络，任何进入沃顿商学院学习的人，都有可能利用这些最顶级的资源，所以才有了“沃顿出品，必属精品”的传言。如今女儿想要进入沃顿商学院学习，特朗普自然求之不得，一个有野心、有追求的女儿，正是他欣赏且需要的。

而最令特朗普感到开心的是，女儿终于回到了正轨，并且制定了人生中最重要的目标，这对一个高中还没有毕业的孩子来说非常了不起，他不想给女儿施加任何压力，但是当伊万卡能够大胆说出自己的理想和目标，并且制定一个明确的人生规划时，特朗普打心里感到欣慰。他曾经这样评价女儿：“她是一个富有远见的人，她对于目标的设定总是超出常人，这让她变得与众不同。”

有些人觉得特朗普不过是在媒体面前夸赞和炫耀自己的女儿而已，但是如果对比现实，就会明白他的话绝对没有半点儿夸张的成分。事实上，哈佛大学曾经花费25年时间对即将毕业的哈佛大学生做了一项调查，结果发现27%的毕业生没有任何人生目标；60%的人目标模糊，并不确定自己以后该做点什么：10%的人只有短期目标；只有3%的毕业生拥有清晰长远的目标和人生规划。作为一个世界最顶尖的名牌大学的学生，多数人尚且不能清晰地定位自己的目标，对于其他人来说，情况可能会更加糟糕，他们几乎都在为自己将来的规划而困惑。

对于年轻人来说，未知世界具有各种各样的诱惑力，同时又具备很多不确定的因素，因此想要制定清晰而明确的规划变得很难，而从这一方面来说，伊万卡对于房地产业的坚持恰恰证明了她非凡的自我规划能力和强大的决心。

那么伊万卡能够一直坚持按照自己的目标走下去吗？她会不会只是一时心血来潮，会不会在挫折面前放弃自己的理想呢？对于这一点特朗普和其他人都无法预知，连伊万卡本人也没有给出任何保证，但是她已经想好了该如何去走，想好了该如何去一步步实践。

4.立即行动，做一个虔诚的追梦人

如果我想要做一件事，那么我会在第一时间发起行动。

——伊万卡·特朗普

对于任何一个有抱负、有理想的人来说，制定一个合理的规划或者提出一些有创意的点子从来都不是什么太难的事情，真正的问题在于他们必须想办法去执行，必须将这些理想变成现实。因此，相较于那些高大的理想和远大的目标，执行力或许才是我们身上最缺乏的东西。

至少在伊万卡宣布退出模特圈并开始向商业领域进发时，很多人并不相信她会真正耐下性子去读书，毕竟对于一个见惯了花花世界并且经常满世界飞的年轻姑娘来说，想要收敛心性去用功读书并不容易。考虑到她还是一个富家千金，她实际上根本不需要通过读书来实现自己的目标。

当时，有些关注伊万卡的媒体就断言她不可能在学习上获得什么突破，用不了多久她就会厌烦这些富家子女向来都不喜欢的无聊课本的。这些媒体还列出了一些实例来说明，大都是一些富二代、富三代的口头承诺，实际上很多富家子女也经常在电视上宣称自己拥有什么目标、宣称自己要做成什么事情、宣称自己拥有什么好想法，但是最后往往都不了了之。在这些媒体看来，在公众面前耍嘴皮子是很多富家子女的专利，他们习惯了说一些引人关注的话，却很少付诸实施。

伊万卡显然没有这样的恶习，和她父亲一样，他们都是真正的实干派，只要决定了就会立即行动。她在告诉父亲自己准备进入沃顿商学院后，几乎从第二天就开始努力读书，而事实上，早在担任模特期间，她也从未像其他姑娘一样为了事业而荒废学业。作为进入模特行业的一个交换条件，伊万卡一直都在努力，只要有空闲就会静下心来看书，所以虽然自己的模特事业越来越红火，虽然自己经常满世界飞来飞去，但学习成绩并没有受到什么影响。

不过即便如此，伊万卡也明白想要进入商学院，自己要做的准备还有很多，为了确保自己可以更好地实现目标，伊万卡并没有在一开始就不自量力地将目标锁定沃顿商学院，而是在高中毕业后选择进入乔治敦（也叫乔治城）大学，也许很多人对此不够了解，认为伊万卡学习能力太差，够不上沃顿商学院的录取分数线，只能选择一个低等大学拿个文凭应付了事。这样的看法显然不够正确，实际上乔治敦大学可不是什么毫无名气的学校，而是美国25所全明星顶尖大学之一，美国前总统克林顿就毕业于这所学校。

在乔治敦大学，伊万卡很快就进入学习的节奏当中，每天都花大量的时间学习，甚至连周末、假期、外出游玩的时间也全都牺牲了，这让她养成了良好的学习习惯，成绩也有了突飞猛进的进步。伊万卡的朋友都认为伊万卡是一个非常聪明的人，“但是现在的她更加聪明了”。

事实上，从小就勤奋努力的伊万卡，在学习上并没有太大的压力，加上现在的她下定决心要开启自己的商业之路，因此执行的态度很坚决，执行的力度也很大，为的就是做好最基本的知识储备。在乔治敦大学待了两年之后，觉得时机成熟的伊万卡非常有魄力地将目标对准了沃顿商学院，实际上这所学校在过去很长一段时间里都是世界上最成功的商学院，想要进入这样一所顶级大学，难度可想而知。

但事实上，通过不懈的努力，伊万卡还是顺利地进入了宾夕法尼亚大学沃顿商学院，尽管现在有很多人怀疑伊万卡不过是借助了父亲特朗普的校友关系和捐款（美国富豪通常会对大学进行捐款，从而给子女拿到入学名额），但实际上这样的猜测并无实质根据，而且即便如此，如果伊万卡没有出色的成绩，也不可能接到沃顿商学院的入学通知书。

进入沃顿商学院之后，伊万卡的视野和野心一下子被打开了，因为这里会集了世界上最优秀的经济学学子，将来他们也可能会是世界上最出色的商人或者经济学家，所以伊万卡非常珍惜这样的机会，重要的是，向来好强的她绝对不希望自己给特朗普家族丢脸，不希望自己在大学期间虚度光阴。由于美国大学讲究宽进紧出的政策，很多大学生在大学中稍一放松就可能无法通过严格的毕业考试，伊万卡对此自然心知肚明，所以一直约束自己要努力读书。正因如此，她每天都泡在图书馆里看书，而且几乎隔绝了外新世界的一切打扰。

关于自己在沃顿商学院的生活，伊万卡并没有过多地在公众面前详细说明，但是根据她的同学、朋友和老师反映，伊万卡是那种最聪明的学生中最勤奋的那一类人。有个同学曾经非常瞧不起伊万卡，觉得伊万卡只不过是有钱人家用钱送进来的小姑娘，他并不觉得这样的千金大小姐会有什么真才实学，也并不觉得她会真的愿意为学业而付出什么，可是在观察和接触了一段时间之后，他被特朗普家族的这位长公主彻底征服了，他认为伊万卡是一个非常努力且专注的人，“她甚至能够一整天坐在那儿看书”。

实际上，伊万卡并没有像其他被钱保送进大学的富家子弟一样，而是真正投入读书和学习中，为此母亲伊凡娜不得不经常打电话让她注意身体，不要劳累过度。而伊万卡自始至终保持着强烈的学习欲望，她就像是一个虔诚的追梦人，一个为理想而辛苦奋斗的人。她曾经说过这样一句话：“我的父亲向我们展示了在我们做事情时，如何坚韧不拔，如何应对挑战，如何挑战卓越。如果将视野和激情嫁接在持久的工作热情上，我们将无所不能。”

彼得教授是伊万卡在沃顿商学院学习期间的导师之一，他曾经给过伊万卡很多学习上的帮助以及一些有关工作上的建议，事实上，正是彼得教授建议伊万卡出去工作并且尽量依靠自身的能力来成就价值的。彼得教授回忆说：“伊万卡是聪颖而优秀的学生之一，她努力学习，做好本分，而且会多做一些。她有扎实的基础而且很真诚，不会哗众取宠。”

正因为伊万卡学习非常努力，在整个大学期间，她的成绩都名列前茅，尤其是毕业成绩出来之后，她每一门的成绩都是A，而且以全年级排名前1%~2%的一等荣誉毕业，学分积点高达3.9，这几乎是对她努力、勤奋、天赋的最好证明。现在人们终于可以闭上嘴了，因为即便伊万卡在进入沃顿商学院的时候依靠了父亲的关系和一点便利，现在都无关紧要了，因为在天才云集的沃顿商学院中，想要考到这样的好成绩，可不是仅仅凭借一点小关系和钱就能办得到的，如果自身没有付出比别人更多的努力，没有坚定的信念和强大的执行力，伊万卡是不可能获得成功的。

美国斯坦福大学的教授迈尔斯认为，专注的态度和强大的执行力是确保成功的重要保障，也是每一个人是否虔诚地面对自己人生目标的一种重要体现。在绝大多数成功者身上，都可以看到这种优秀的特质，都可以看到他们对于自身追求的那种责任感。伊万卡也是这样的人，她并没有一味地沉浸在过去的成功中，并没有被身上的家族光环迷得晕头转向，也没有在自己的理想世界和目标中当一个夸夸其谈的幻想家，而是沉住气，通过一点点的努力朝着梦想的道路不断前进。至少从进入沃顿商学院这一天起，当她拿出最好的状态学习的时候，人们已经预料到她真的准备好在商业领域大展拳脚了，至少对特朗普来说，这或许是他在见证女儿成长道路上最开心的时刻了。

5.梦想很脆弱，更需要守护

从很小的时候，我就想过要进入父亲的公司上班，这一点从未改变，也不会轻易被改变。

——伊万卡·特朗普

拥有梦想是世界上最容易的一件事，而实现它却可能会是最难的一件事，因为总会有一些外在的干扰因素来破坏我们对于梦想持久性的追求。这也许是追求梦想道路上最现实的一句话了，事实上，真正的梦想家不能空有一腔热情，不能仅仅具备“我要立即去做”的执行态度，还要具备一种坚定的信念，即无论发生什么样的事情，都要坚守梦想，都要去保护自己的梦想，因为梦想是最强大的，但往往也是最脆弱的。

当伊万卡下定决心要去学习，要进军商业领域的时候，很多人对她的决定表示惋惜，因为商业领域的一切对她来说都是未知的，唯一可以依赖的也许就是她那个有钱的老爸，就是那个可以给她一份工作的地产大亨。除此之外，没有什么是确定的，没有人可以打包票说未来的伊万卡会在商业领域大获成功，没有人能够想到未来的伊万卡会成为一个强大的女商人，会在商业领域做出一番惊天动地的业绩。正因为一切都是未知的，人们才会担心伊万卡会由于一时的冲动而做出错误的判断。

对于伊万卡来说，她自己是否真的已经做好了这样的准备，又是否具备那种为梦想而坚持到底的精神，她能够守护住自己的梦想吗？作为一个不满20岁的人，她能否真的义无反顾地追逐自己的梦想呢？外界的争议和猜测并没有停止，而他们对于伊万卡的态度也并不了解，也许伊万卡将会很快厌倦读书，重新回到模特行业当中也不一定。当时一些资深媒体人断言："像她这样的家庭出身，像她这样经常与时尚接触的女孩子，我觉得要隔断与模特的联系很难，她大概很快就会意识到还是模特的生活最适合自己。"

不过伊万卡似乎并没有受到什么影响，从一开始下定决心读书并进入大学，她就已经决定彻底与过去的模特生活斩断联系，她需要追求新的梦想，一个自己真正喜欢和想要追求的大梦想。而就在她为新的生活、新的理想努力奋斗的时候，外在的干扰几乎从未断绝过。其中就包括很多时尚界的巨头，他们纷纷将目光聚焦在这位模特界的优质人才身上。

有一天凌晨，一阵急促的电话声将刚刚睡下的伊万卡惊醒，接下电话之后，她才知道打电话的人是时尚女魔头安娜·温图尔，此人是*Vogue*杂志的主编，也是世界娱乐圈和时尚圈的大名人。在电话中，安娜非常诚恳地邀请伊万卡加盟*Vogue*。对于这样的邀请，很多女孩子几乎求之不得，考虑到安娜在时尚界的地位和影响力，对于那些想要在时尚界崭露头角的人来说，能够搭上安娜这条顺风船，就意味着能够在世界级别的时尚圈站稳脚跟。而且在美国乃至整个西方世界的时尚圈，几乎很少有人能够像安娜一样具备那样的地位和影响力，从这一方面来说，她是一个再好不过的导师。

很显然，当这通几乎足以让她登上世界最高时尚舞台的电话打完之后，伊万卡几乎睡意全无，这样的机会并不是每一个人都能获得的，甚至于说安娜可能只愿意在一千个最优秀的模特中给出一个这样的名额，更别说还是亲自打电话邀请。毫无疑问，对于伊万卡来说，尽管自己作为特朗普家族中的一员，原本就比其他女孩子更占据优势，但是能够让安娜亲自打电话邀请的模特几乎没有，这是一份大礼。

但在一阵欣喜之后，伊万卡还是决定放弃，因为她始终都明白一点，自己最终的目标是进入房地产业而不是时尚界，尽管她也认为这样的机会非常诱人，但一切还是以个人最想要追求的目标为主，所以她最终还是非常礼貌地回绝了这个特殊的邀请。当然伊万卡并没有直接拒绝，而是非常礼貌地告诉安娜，自己非常诚恳地感谢对方给了这样的机会，这让她受宠若惊，但是同时又明确表示自己已经接受了福里斯特城（英文译名也叫森林城）合伙公司的工作，并且流露出自己对房地产业的痴迷和雄心。

面对决心已定的伊万卡，安娜显得有些失望，她原本非常乐于和伊万卡进行合作，而且觉得双方一定会擦出很大的火花。重要的是，作为时尚界的女魔头和教主级别的人物，安娜几乎没有受到过别人的拒绝，哪怕是那些顶级的社交名媛，而一个不满20岁的孩子就如此执着地回绝了自己郑重的邀请，这几乎闻所未闻。安娜应该为此感到生气吗？显然并没有，在交谈中，她认真倾听了伊万卡的想法和目标，并且觉得对方是一个非常有礼貌且能力出众、意志坚定的女孩，她不是那种可以轻易被外界影响和诱惑的姑娘。

安娜后来在朋友面前赞美伊万卡是一个非常不错的姑娘，如果她愿意继续留在模特圈，一定前途无量，大家都能看到她身上那种不凡的特质，但是一旦决定了进军商业领域，她也一定会收获巨大的成功，她是那种将梦想牢牢抓在手里的人，对于这样的人来说，任何一种成功可能都是自然而然的。

除了拒绝安娜的盛情邀请之外，伊万卡还曾多次拒绝出演电影的邀约，很多制片人和导演都看重伊万卡良好的家世背景以及模特身份，都希望这位“财”貌双全的千金大小姐可以在电影中展现自己独特的魅力，但是伊万卡都以准备读书、准备去房地产公司上班为由拒绝了。其实很多电影人一直都没有放弃，包括2012年的电影《未婚女子》（这部电影的主演是蜘蛛女克里斯汀·邓斯特）准备开拍，当时电影公司找到她，希望外形出色、知名度高而且有过模特经历的伊万卡可以出演一个重要角色，但伊万卡还是以工作的原因拒绝了。而在此前，她也多次拒绝了电影公司和制片人的邀请，她只想将分内的工作做好，只想让自己更加专注地为房地产工作而努力。

实际上，她以前在电影中客串过多个角色，如小时候的伊万卡曾在林肯中心上演的《胡桃夹子》中有过出色表演，在父亲制作的真人秀《学徒》（*The Apprentice*）中多次出镜，在《绯闻女孩》中也曾有过惊艳的亮相，可以说伊万卡并不排斥电影，而且她也乐于借助电影来调剂生活。但是她一方面对于剧本的挑选很严格，另一方面她也无心往电影方面发展，因此让她抽出大量时间投入电影事业并不现实。对此，她曾这样解释道：“（演戏）对我想要成为一名伟大的房地产开发商的目标毫无帮助。”

正因如此，她根本没有考虑过进军影视业或者在时尚界发展，对她来说，进入商业领域，进入父亲的房地产公司大展拳脚才是最重要的，也许自己可以抽出一点时间在时尚晚会或者电影中秀上一把，但这些绝对不应该占据太多的时间，它们不会成为生活的主流，更不会成为事业的一部分，伊万卡对此有着非常清晰的认定，也明确划分了界限。特朗普曾经问过女儿有关工作的问题，伊万卡表现得非常坦诚和坚定，那就是成为商人，这已经成为她未来工作设想中最重要的一个部分。

有很多人都觉得伊万卡很傻，毕竟当模特或者当演员是很多女孩子的愿望，她们渴望站到镁光灯下，接受更多人的赞美和关注，但是对伊万卡来说，成为商人才是人生最重要的事情，而她也不会轻易让这样的梦想夭折。对于一个高中还没有毕业的孩子来说，伊万卡做出这样的决定非常了不起，她几乎将到手的一大块肥肉给拒绝了，而这对于其他人来说几乎不可想象。而更加难能可贵的是，伊万卡对于目标的确定和执着，正如她的老师所说的那样，很少有学生会像她一样成熟稳重地看待自己的人生，能够早早地制定清晰而明确的人生规划。

这也恰恰是一个成功者必须拥有的特质，毕竟很多人在追求梦想的过程中，很容易因为一些挫折和一些外在的诱惑而分神，这个时候，谁能够抵制诱惑，谁能够克服困难，谁能够明确自己的目标，谁能够坚守梦想，谁就能够走到最后将梦想转化成为现实。梦想很脆弱，而伊万卡心甘情愿地选择了成为那个守护者，这为她未来的道路奠定了基础。

第三章

成功是因为
比别人做得更多、更好

找到你热爱的事情并且开始去行动。如果你不是深深热爱一件事情，你很难做到优秀。我认识很多聪明的人都没有做到这一步，因为其他人比他们更有激情，工作更努力，而且更加专注。

1.事业需要一步一个脚印走出来

我们不可能一开始就获得成功，一切只能一步步来。

——伊万卡·特朗普

2004年，美国一家电视台记者访问了“股神”巴菲特：“听说您那个管理农场的儿子霍华德准备进入伯克希尔·哈撒韦公司，将来则要接手您的工作，是这样的吗？那么您准备给他一个什么样的职位？”巴菲特笑着回应说：“如果按照我的理解，我希望让霍华德担任董事长，你知道这是所有父亲对儿子的期望，但是现在他只能一步步来，考虑到他对于投资方面、管理方面并无太多经验，我想他适合做一个基层管理者。”

后来记者又采访了巴菲特的儿子霍华德，并且将巴菲特的原话转述给他，霍华德听到父亲的回答后，微微一笑：“是啊，我父亲从来都不喜欢一步登天的儿子，所以我一旦真的进入公司，所能做的就是从一个新员工开始。”

对父子的两段采访使整个巴菲特家族的家庭教育和工作理念成为当年的一个热门话题，而富豪教育子女以及富二代的事业问题也成为一个热门谈资。而同样是富家子弟的伊万卡在那个时候也成为舆论关注的焦点，因为那一年，伊万卡正好从沃顿商学院毕业，大家纷纷猜测这个一直对房地产业情有独钟的富家千金会以怎样一种姿态进入父亲的房地产公司上班，又会以怎样一种身份出现在特朗普集团公司。

可是当伊万卡以优异的成绩从沃顿商学院毕业之后，这个原本根本用不着做出选择的问题一下子成为伊万卡必须认真思考的课题。当时的伊万卡面临着人生的第一个重大选择，她必须选择一个更好的、更适合的工作岗位。虽然大家都知道，她最大的优势就是父亲拥有一个庞大的房地产帝国，而且进入这个帝国也是她梦寐以求的，正像她此前一直强调的那个梦想一样，她几乎生来就是要为房地产事业而奋斗的，就是为了要拓展父亲的商业版图。

当然，如果伊万卡以特朗普千金的身份直接进入公司，自然明白各种潜藏在背后的非议会席卷而来。当时传言特朗普将会让刚刚毕业的伊万卡担任要职，可能是仅次于自己的二把手，这个流言一度成为整个公司茶余饭后的谈资。但是考虑到特朗普的身份和地位，考虑到这是他最疼爱的女儿，即便真的如此，也没有人会对公司的这种安排提出异议。那么她是否真的会获得这样的机会，特朗普会不会像其他家族企业的独裁者那样，将自己的事业大权交到女儿手上，会不会想办法将所有的管理都家族化呢？

此外，伊万卡自己对于初次进入父亲的公司，究竟会有什么样的期待呢？她或许可以走进办公室，然后尝试着向父亲索要一个重要职位。这几乎是理所当然的事情，她应该维持自己姓氏的光环，应该明目张胆地在管理层占有一席之地，尤其是考虑到她的学历背景。毫无疑问，这些让她“进入家族企业担任要职”的理由更加充分了，她似乎根本就不必顾虑别人的质疑。

此外，伊万卡的母亲伊凡娜虽然和特朗普有过非常不愉快的离婚经历，但是在孩子的问题上，两个人还是一直相当地默契，因此当伊万卡学业有成之后，伊凡娜打电话给特朗普，然后告诉他说自己准备将孩子交给他。对于前妻的托付，特朗普连连点头答应下来，因此无论如何他也没有任何理由将女儿拒之门外。

很明显，从她离开学校准备就业，再到进入特朗普集团公司，一切似乎就应该是水到渠成的事情，但在伊万卡看来这恰恰是最不寻常的一个选择，她几乎没有任何理由去接受一个好的职位。从小到大，她都不是那种会伸手向父亲要钱的人，不是那种渴望从父亲那儿获得好处的姑娘，她所接受的教育及秉持的理念就是依靠自己的力量获得想要的东西，而努力是唯一的理由。事实上，熟悉伊万卡的人都知道：“她是一个聪明的姑娘、一个很特别的人，她知道该如何正确地处理这些事情。”

事实证明，伊万卡非常聪明地避免了类似事件的发生，她从沃顿商学院毕业后，直接进入另外一家公司上班，而且也没有得到任何职位，而是从最基层的职员做起，她没有像流言所说的那样，一开始就获得父亲的帮助和扶持。因为在她看来，人生最重要的还是要依靠自己，而且像她的大哥唐纳德·约翰·特朗普还曾经在父亲的集团公司旗下的大西洋城码头公司担任过服务员，因此接受基层锻炼是有必要的。而另外一个重要的原因是，她不知道是否真的能够应对这个行业的工作，“我想试试自己到底适不适合这个行业”。

当时，她去了事先接受聘请的福里斯特城合伙公司上班，从基层慢慢做起，逐步成为零售拓展部的一名项目经理。很多人都不理解伊万卡为什么不直接去父亲的集团公司上班，那样不是更容易获得成功吗？对此，她的解释是，“我想要去别的房地产公司先从基层做起。因为我不想一辈子只有在特朗普集团公司工作的经验，而是想先看看别的公司的经验，了解房地产业各个环节的工作”。

这恰恰是伊万卡聪明且有自知之明之处，实际上她知道以目前自己的能力根本不足以在父亲的房地产公司担任要职，而且弄不好就会被人说成依靠父亲的关系进入公司的。她更希望自己可以脱离父亲的影响力，依靠自己的努力一点点来提升业务能力，虽然在父亲的公司里同样可以锻炼，但是效果肯定不会有其他公司那么好，因为自己千金小姐的身份，即便是一个小员工，也有可能会受到其他员工的照顾，而在别的公司，这所有的一切都不可能发生，没人在乎她是谁，而这正有助于她慢慢提升和茁壮成长。

事实证明伊万卡绝不是嘴上说说而已，她真的像一个新人一样从最基层的工作做起，那个时候，尽管很多人都知道她就是特朗普家的千金小姐，都知道她是一个有钱人家的孩子，但是她在福里斯特城上班根本不比其他人更具优势，尽管她在公司担任的是项目经理的职位，可是除了自己的高学历和努力之外，她的工作和基层员工没有什么两样。而正是因为从小事做起，正是因为先努力去了解房地产工作的各个环节，伊万卡对于相关的业务越来越娴熟，积累的工作经验也越来越丰富，这为她日后的成功奠定了坚实的基础。

公司里的同事都认为伊万卡是一个非常踏实的人，即便她头顶光环、身家二十几亿美元，却仍然能够从最普通的工作做起，仅从这一点就可以看出她不是一个简单的人物。很多同事对伊万卡的谦卑好学以及踏实努力的工作作风非常赞赏，在他们看来，伊万卡并不像那些在公司里装模作样混点工作经历的富家子弟，更不像那些不想有任何付出就直接想要担任要职的富二代，她目标远大却能够静下心来踏实去奋斗、去充实自己，这一点在富家子弟中并不多见。

经过一年多的锻炼，伊万卡在项目经理的位置上做得风生水起，而她也积累了很多重要的工作经验，对相关的工作环节有了更为明确的了解。这个时候，她意识到时机正在慢慢成熟起来，她开始决定离开福里斯特城而转为进入父亲的房地产公司上班。这样一来，自己就更能帮助父亲打理生意，可以在工作中实实在在地给予父亲更多的帮助。尽管自己的工作时间并不长，尽管自己还没有完全接触过特朗普集团公司内部的工作，但是她一直都信心满满，准备好了进入父亲的公司上班，“在福里斯特城的成功经历说明在进入特朗普集团时，我知道自己除了特朗普的姓以外，还能为公司带来些什么”。

很明显，在踏踏实实迈出了自己的第一步之后，伊万卡已经做好了进入父亲公司的准备。而对于特朗普本人来说，一切也都在按照自己期望的那样发展，他希望自己那个聪明的女儿可以早点儿来公司为自己分担一些压力。

2.成功可不仅仅是朝九晚五

我知道自己出身富裕，但是，我要告诉你，没有什么是直接交到我手上的。好主意只能来自大量辛苦的工作。

——伊万卡·特朗普

当伊万卡在其他公司接受了锻炼之后，特朗普才安排她正式进入家族企业。但是这并不意味着伊万卡就可以名正言顺地开始享受父亲给予的一切，可以像其他富家子弟一样直接在父亲的房地产公司挂一个名，然后什么也不用去做就身居要职。

对于伊万卡来说，情况仍旧和小时候所经历的一样，父亲不可能随随便便就将什么都交给她，也不会轻易就让她安然地拥有一切。为了让自己在新公司里站稳脚跟，为了让自己能够获得更多的认可和关注，她仍旧需要依靠自己的努力去赢得一切。

2009年，伊万卡出版了自己的第一本书《特朗普王牌：工作和生活的双赢之道》。在书中，她这样描述自己在父亲的集团公司上班的处境："没错，我出生在一个有钱有势的家庭里，仅凭伊万卡·特朗普这个名字，我就已经坐拥巨大的财富。没错，我手握无数的机会和优势。我也已经选择继承我父亲和祖父的事业，在他们的基础之上继续发展。"但是紧接着她便笔锋一转，表示她和她的兄弟之所以能够在父亲的公司里谋得一席职位，之所以受到父亲的重视，并非完全因为任何与生俱来的特权，并非完全因为自己的姓氏，而是努力的结果。

她非常坦然地说："我相信我的特朗普身份可以给我很多便利，同时也伴随着许多挑战，当然，这就好比给你一块敲门砖，但敲开门和赢得同行、圈里人的尊重，远远超过拥有一个特朗普的姓。"很显然只有通过不懈的努力，只有做出实实在在的成绩，只有保持一个高水准的工作状态才能真正赢得同行的尊重。

事实上，与其他富家子弟进入家族企业不同的是，伊万卡进入特朗普集团公司后，她的父亲，那个经常满嘴跑火车的精明商人，就对她提出了警告，如果不能好好完成工作，不能做出预期的成绩，那么照样会在严格的业绩考核制度中被无情地淘汰。特朗普对子女向来非常严格，作为一个精明的商人，他自然知道任人唯亲的坏处，自然明白一旦家人工作能力不行可能会给公司带来极大的损失。

特朗普虽然一直都在电视节目中非常严肃地谈论员工的工作态度问题，就像他在电视真人秀《学徒》中所说的那样："你被解雇了。"但在日常工作中，他很少对员工说这些话，也很少真的开除某个员工，反倒是对自己的子女非常严格，经常提醒和警告他们"一旦工作做得不好，就有可能被解雇"。

有人觉得特朗普这样说无非是为了制造噱头罢了，但在伊万卡看来，父亲在教育子女方面向来都喜欢动真格，“父亲总是高标准、严要求，他不能忍受笨蛋和低级错误。如果你出现大纰漏，他不会用你第二次”。“父亲不喜欢笨蛋，我做得不好也会被解雇的。”这就是伊万卡的工作哲学和工作动力所在。

正因如此，伊万卡始终不敢掉以轻心，有人认为她仍然是一个受到父亲宠爱的小公主，有人羡慕她可以轻而易举地在公司里立足，而她却自嘲像一个被父亲遗弃的私生女。但是她打心里尊重父亲的安排和警告，也喜欢让自己彻底放下特朗普家族千金小姐的身份，而是作为一个普通员工进入父亲的公司，这样自己才会付出更多的努力来证明自己。在和朋友谈论工作的时候，她这样说道：“你必须对自己狠一点，如果我干得不好，也会被父亲解雇的。我希望用自己的成绩赢得同事的尊重。你们可能以为朝九晚五上班很辛苦了，但我比那要卖力得多。”此时，她的眼睛里全是坚毅和自豪感。

平时她也喜欢一些品牌包和衣服，尽管自己以前一直很节约，很少在这方面浪费，但这并不意味着她不会和其他姑娘一样对一些新产品动心。但是工作之后，她每天的时间几乎被排得满满的，最喜欢谈的话题也不再是名牌衣服和包包，而是商机或读过的新书。即使婚后，她也被大量的工作包围。为了能够尽快熟悉业务，从全球范围内房地产项目的评估分析，到项目的建设、行销、租地，她都必须亲自去了解。为了确保能够了解酒店业的竞争情况以及对手的竞争优势、竞争策略，伊万卡几乎每个月都要在其他酒店住上一晚，以便能够亲自体验和了解酒店的设施和服务。事实上，她基本上天天坐飞机奔波各地。现在的日程安排通常是这样的：两天在纽约、三天在加州、一天在拉斯维加斯，接着回纽约待一天，然后在泰国或者中国待三天。而每一天要么开各种商业会议，要么就是坐在办公桌前处理各种各样的邮件，由于太过忙碌，她不得不准备两部手机，而两部手机几乎一整天都响个不停。至于休息时间更是被严重挤压，据她自己所说，通常一天只睡4~5个小时。

很多人都对伊万卡如此努力工作感到不解，因为她根本没有必要一下子承担那么多的工作，她完全有时间来慢慢适应这一切。对此伊万卡表现得很坦然："这没什么，我25岁了，的确责任重大，同时我也把它看得十分重要，我之所以这么努力工作，我想这其中一部分原因，是因为我没有从正规教育中获得任何东西。没错，我从沃顿商学院毕业，我从小在建筑公司长大，但是等到我25岁的时候，我猛然觉得，我究竟了解什么呢？事实上这样的想法来自我的父亲，他传递给全公司的每一个人，投入并全力以赴，他抛给你一个任务，然后让你着手去做，如果你表现不错，那么你将获得下一个任务，所以我从他那儿获得的最棒的肯定，就是成堆增加的工作量，那种感觉很棒。"

伊万卡曾被采访工作情况与生活情况，她如实道出了自己的作息安排：

6：00：起床跑步，然后喂孩子吃饭，并和丈夫一起看一堆简报。

7：30：准时抵达办公室，开启一天的工作模式。

8：00：每天此时开始开会，在会议中，一整天的流程被排得满满当当。

17：30：开完最后一个会议，然后在之后的半小时里处理未接电话和一些待办事项清单和任务，跟进各个员工的工作进度。

18：00：正式开启居家模式。伊万卡的家离公司很近，通常可以十几分钟赶到家。接下来吃饭、洗澡、阅读，并专门抽出一点时间陪孩子玩。

19：30：哄孩子们睡觉，并且为他们讲睡前故事，之后的时间用来陪老公，双方会在一起聊天、散步。

23：00：在家人都睡后，重新回到书房里工作，主要是看合同、做规划、解决疑难问题，通常情况下，需要工作到深夜两点。

通过这些回答，我们可以发现除了睡觉时间和陪家人的时间之外，伊万卡的工作时间占据了一整天的大半，据说她的工作时间经常达到惊人的16个小时，如此努力、如此勤奋，在众多富家子弟中的确很罕见，这也是她的业务能力不断得到提高的原因。

她之所以如此努力，一方面是因为从小接受的教育，父母都在告诫她要努力获得自己想要的东西。这样就促使她养成了不断进行自我提升的良好习惯，无论做什么事情，她都愿意投入比别人更多的精力。

另一方面可能和她结婚后因信奉犹太教受到的理念影响有很大关系。事实上，在犹太人的生活和工作理念中，勤奋就是一个重要的品质，父母往往非常注重培养孩子勤奋的习惯。犹太人认为，对于勤奋的人，造物主会给他们最高的荣誉和赞赏；而那些懒惰的人，造物主不会给他们任何礼物。为爱付出的伊万卡很有可能也受到了感染，不过在多数时候，她所表现出来的还是一种对个人的约束和要求。

无论如何，努力勤奋的伊万卡赢得了大家的肯定。向来对子女很严格的特朗普也毫不避嫌地忍不住夸赞女儿："她的努力的确值得所有人尊重，她就是最棒的。"至于公司内部的人也都改变了之前的看法，不再认为她只是一个依靠父亲来获得成功的人，在他们看来，伊万卡有着比别人更加出众的条件，有着比别人更好的资源，即便不用努力，也许最终也可以获得很好的职位和发展机会，但她却比公司里的大多数人要更加努力。

哈佛大学曾经做过一份调查研究，调研小组发现那些社会精英人士和成功人士，在工作中花费的时间要比一般的工作者高出40%~70%，而仅仅在美国，成功人士每天的平均工作时间就达到了14.7个小时，这是一个惊人的数字。无论是一天正规的8小时工作制，还是加班族的12小时，14.7个小时都是一个考验意志力的数字。在其他一些生活节奏更快的国家，社会精英们的工作时间往往还要更长一些。

单纯地依靠工作时间来评价一个人成功与否，并不客观，也不够严谨，但是愿意花更多时间来应对工作的人，他们对于成功的欲望和动力都要更强。比如，哈佛调研小组成员沃克从事多年的社会人力资源研究，他将工作者分成三类：第一类是8小时工作制的上班族，这类人一般是按标准时间工作，也基本上是在应付工作，任何加班的命令可能都会让他们感到失落和生气，除非有足够的报酬。第二类是懒散型工作者，这类人缺乏理想，对于生活和工作欠缺基本的动力，一般就业于濒临倒闭、业务不佳的企业或者单位，要么就是一些没有重大压力的部门。对他们来说，工作并不能带来太多的刺激和荣誉感，因此并不愿意花费太多的时间在工作上。第三类是发展型的工作者，这些员工通常有远大的理想，对自己的工作要求非常高，因此总是想办法花更多时间在工作上，并且一直都在强调进步和提升。

经过研究，沃克发现标准工作制下的工作者和懒散型的工作者当中，成长为精英的概率仅有0.2%，这是非常低的一个概率，而在发展型工作者当中，成功者的概率达到了2.1%，两者相差了10倍，这样的差距显然不完全是机遇、运气、智慧、工作岗位、工作环境等因素所能左右的，真正的原因在于努力。对于那些更懂得努力工作的人来说，生活总会给予他们更大的回报，成功也更容易青睐他们。

伊万卡正是这种发展型的勤奋工作者，多年以来，在特朗普公司所有精英里，伊万卡的表现始终是最出色的那一个。重要的是，通过不懈的努力，伊万卡一步步做出了出色的业绩，拿下了多个重大项目，其中就包括华盛顿老邮局的使用权。2012 年2 月，特朗普集团被美国总务管理局选为华盛顿市中心标志性建筑旧邮政大楼的开发商，这项工程被认为是国内最群雄逐鹿的重建工程。当时伊万卡花费两亿美元对这座拥有127年历史的地标性建筑进行了改造和翻新，并将其改成了一家拥有263间客房的超豪华大酒店。

伊万卡曾经一下子经手30多个项目，包括迪拜最大的工程“特朗普双塔”、迈阿密800英亩的朵拉度假豪宅、芝加哥92层270万平方英尺的特朗普国际酒店大厦等。这些业绩让她赢得了人们的尊重，也赢得了父亲特朗普的支持。特朗普越来越倚重她，还常常在一些对外事务上征求她的意见。表现出众的伊万卡很快就成为特朗普集团的执行副总裁，主要负责发展与收购，致力于开拓集团的酒店、商场和高尔夫球场的全球化扩张。

据知情人士透露，在特朗普家族集团中，特朗普给了伊万卡很大的权力，这是他的历任妻子或其他执行总裁从未享有的权力。现如今，在特朗普的5个子女中，伊万卡是目前唯一一个被认可的公司继承人。而据西班牙《阿贝赛报》报道，如今35岁的伊万卡实际上成了特朗普集团公司的女继承人，她在未来将会正式接手父亲手上总资产逾40亿欧元的房地产帝国，而实际上这位地产大亨还有几个儿子，他们也都是精英中的精英，但风头完全被伊万卡压下去了。

有些人会觉得她只是很幸运罢了，出生在一个有钱的家庭，而且比几个兄弟姐妹更讨父亲的欢心。但伊万卡却认为："没有任何事情是理所当然的，你要知道只有越努力，才会越幸运。"不仅如此，她如今开始用自己的经验来教育下一代："我的成就感来自我的事业，拼搏的人生最有意义，我就是这么教育我的孩子们的。"她对孩子们的教育就是："如果你想要获得什么，那就得靠自己的努力去赢得它。"很显然，她一直都希望可以将特朗普家族的这种努力、拼搏精神延续下去。

3.克服困难，才能实现目标

在大学读金融系时就为自己的商业之路定好了明确的目标。困难是一定会有的，要么让它打败你，要么使自己更强壮。

——伊万卡·特朗普

作为集团最年轻的副总裁，伊万卡一直雄心勃勃，而且也早就为自己定好了最基本的发展方向，就像她在就职之后对父亲承诺的那样，准备带领特朗普集团开发高级酒店系列，冲进奢侈地产行列，然后进军欧洲甚至全世界。

对于一个年轻的副总裁来说，所有的计划都是美好的，加上她对自己的能力充满信心，尤其是此前她在福里斯特城干过一段时间，对于相关的工作比较了解，而且她的工作表现非常出众，赢得了公司老板的信任，现在她进入父亲的公司自然对业务驾轻就熟。

但对于特朗普房地产公司来说，情况与福里斯特城不一样，无论是公司的规模还是发展方向都不一样，以过去的经验和方法来管理特朗普房地产公司显然不合适。伊万卡不太可能像过去那样一帆风顺，也不太可能会立即融入新的工作体系当中。

其中还有一个很重要的问题就是说服力。实际上伊万卡的工作表现非常好，工作态度也让人满意，但是这些好的表现能否带来好的结果，能否带领集团公司迅速冲破各种障碍，这些都不得而知。很多人都觉得特朗普不过是在下一盘棋，目的在于让子女们更好地上位，毕竟这是特朗普家族的生意，特朗普有权利也有这样的义务去将生意交给子女们打理，所以当子女们在基层经受一段时间的锻炼之后，他刚好可以名正言顺地将他们提拔起来。

这样的故事剧本几乎是每一个父母都会精心安排的，更不用说特朗普这样精明的商人，所以无论伊万卡有没有进入过基层，有没有在其他企业接受过锻炼，她最终还是要进入公司，还是要担任副总裁的，或者说他们兄妹之间必须要有一个人能够担当重任。事实真是这样的吗？也许一切都无关紧要，毕竟哪怕是在外人看来，这样的论调合情合理，这样的安排也并无异议。但是对伊万卡来说，父亲给予的一切并不能保证自己能够长久地留在公司，作为一个商人，永远是为集团利益考虑的，作为一个商人的女儿，她也必须确保父亲的公司不会毁在自己手上，所以把工作做好是她必须要做到的一个基本任务。

此外，虽然房地产公司是她父亲特朗普的，但是在这个集团公司内部还有很多跟着特朗普一起打江山的元老，这些人无论是能力还是名望都要比伊万卡更大，因此伊万卡是否一开始就能够快速赢得他们的信任和尊重呢？在这样的情况下，位高权重的她实际上承受了比其他人更多、更大的压力。正如外界猜测的那样，如果伊万卡什么也做不了，什么问题也解决不了，那么特朗普无疑将会声名扫地，他在集团公司的威望也会大打折扣。为了避免类似的情况发生，伊万卡必须设法让自己变得更加强大，必须想办法解决遇到的每一个问题。

在家族企业中，伊万卡更是深知自己不能扮演一个花瓶角色，而这所有的一切都会成为阻碍伊万卡继续获得成功的重要因素。不能否认她在工作中所表现出来的敬业态度，但问题在于她是否有足够强大的心理素质来克服工作中的一切困难，这一点对于一个立志继承父业并有所开拓的人来说至关重要。

事实上进入特朗普房地产公司以后，伊万卡就开始意识到局面并没有之前所想的那么简单。毕竟特朗普房地产公司的业务范围要广泛得多，而且业务也更加复杂和多样化，加上她身居要职，所要承担的责任和面临的问题更多，如何解决这些问题，如何帮助公司克服困难成为她工作的头等要事。

另外一个不利的环境是，当伊万卡成为负责特朗普集团公司收购以及发展业务的执行副总裁的时候，她父亲特朗普的生意实际上正处于低谷期。在那之前，特朗普集团公司面临着一系列投资的失败和集团公司破产的糟糕情况，集团公司一系列的运作和投资都没能达到预期效果，公司投资的多个项目不是停工就是出现了烂尾，而名下很多公司由于经营管理不善，内部财务出现了很大的问题，当时银行不愿意给他们贷款，而融资进程也一直不顺利。加上国家经济发展萎靡的影响一直都在，导致市场非常不景气，很多名下的小公司最终只能宣布破产。伊万卡对此非常了解，她知道这对整个集团公司来说究竟意味着什么。

向来心高气傲且自诩为地产大王的特朗普有些坐不住了，他对于集团公司遇到的各种问题感到非常不满，并且下达了必须解决这些问题的指令。当然他可能心里比谁都要明白集团公司当前遭遇的困境，从某个方面来说，他自己也没有太大的把握能够顺利解决所有的问题。

特朗普的担忧和沮丧并不是毫无道理的，他比谁都要明白一棵大树是如何倒下的，在商场上，比特朗普房地产公司更大的企业都曾在困境中轰然倒下，所以情况并不太乐观。从现实的情况来看，为了维持正常运转，集团公司当时只能依靠买卖许可来盈利，只要开发商愿意在开发项目和商品上印上“特朗普”这个名字就行。对于一个公司来说，如果开始依靠买卖许可来盈利，那么就证明这家公司遭遇到了很大的困难。

当时伊万卡主要负责销售和市场开拓，因此她的主要任务就是寻找买家和客户，向他们推销这些特许经营权。听起来这样的工作应该很简单，毕竟很多企业可以借助特朗普房地产公司的名声经营，但问题在于当一个企业面临困境的时候，它的影响力和形象往往会被市场刻意忽视和压制，一些客户甚至会趁机刁难和砍价。那段时间，伊万卡代表的是一个发展失衡的企业，代表的是一个形象受损、影响力下降的企业，她面临的压力和困难自然要比公司在顺境时大得多。她不得不经常飞到迪拜和阿拉斯加寻找买家。为了吸引客户的注意，伊万卡建议公司继续提供一些优惠活动，如为工程项目提供必要的咨询，帮助客户更好地解决工程项目的建设问题，提供一些经验和建议，此外也可以在营销上给出相应的帮助，最好能够提高对方的营销效率，这样实际上可以有效提升客户的信任和信心，而且对于特朗普集团公司品牌形象的提升有很大帮助。正因如此，伊万卡那时候频繁出差，基本上每周都在迪拜、阿拉斯加和纽约之间飞来飞去，她要为客户的工程项目提供咨询，还要想方设法在营销方面给予各种建议。对于一个女人来说，这样的工作强度可想而知。

所有这些事情都是她自己去做的，因为特朗普绝对不会说“让我来帮帮你”，面对困难的时候，特朗普就会表现出他在经商时的那种冷酷劲儿，无论如何都不会轻易伸出援手。自然而然，向来追求自立的伊万卡也不会想到去求助父亲——“他的回答我不用想都能猜到，一定是‘自己去摆平’。”

实际上，为了让自己更快地融入工作，为了尽快找到解决各种问题和困难的方法，伊万卡还曾专门去纽约大学上夜修班，以便能够掌握更多的管理和经商知识。因为伊万卡发现自己现在所做的工作跟以前所做的工作有些差别，而且面临的困难和环境也不一样，重要的是自己之前所学的知识也和现实工作中遇到的问题不一样，她必须重新寻找到更好的方法。

想要做到这一点很难，毕竟她毕业于沃顿商学院，这是一家顶级的经济院校，如果被人知道一个沃顿商学院的高才生、一家公司的副总裁还要去纽约大学上夜修班，这对于她的名声和形象并不会太好。不过伊万卡管不了那么多，她希望通过上夜修班掌握更多的商业技巧，这也是她寻求解决问题的一种方法。

有时候，她会非常谦虚地向前辈们请教，向那些元老级别的人求教，这不仅仅是一种示好的态度，更是一种快速增长经验和管理能力的方法。总而言之，对于伊万卡来说，只要有助于解决困难，有助于提升工作效果，她就愿意去做。当然，除了学习和求教之外，她更多时候都保持着强大坚忍的心，无论遇到什么困难都不轻易放弃。伊万卡向来不服输，她乐于接受各种挑战，并想方设法去解决问题。她过去总是说："我父亲教导我的兄弟姐妹和我正向积极的价值观——强大道德感召的重要性。他向我们展示了怎样变得坚忍，如何应对挑战，怎样在所有事情上追求卓越。"现在她同样具备了这种克服困难的强大意志力。

在2010年的时候，有媒体曾经询问伊万卡，是如何让自己变得越来越强大，又是如何让自己一步步成为副总裁的。伊万卡认为最重要的一个原因就是自己一直都在主动克服困难，可以说这些困难是她成功路上最大的阻碍，也是最大的催化剂，只要勇敢面对困难并想办法一一解决，那么目标就能够顺利实现。

4.只要坚持，你就无所不能

> 真正的改变，那种几十年都没为人所见的改变，只会来自体系外。而它只会来自一个花了一生去做别人认为不可能的事情的人。
>
> ——伊万卡·特朗普

有人觉得伊万卡的成功是一步登天的，在工作几年之后就可以成为一家集团公司的副总裁，这样的人生际遇可不是每一个人都能够遇到的，即便是那些能力最强的人恐怕也难以在短时间内达到这样的高度。

很显然，伊万卡在成为副总裁这件事上，离不开父亲特朗普的支持和安排，但是并不能因为这一点就否定她的个人能力和她在工作中所做的各种努力，也不能因为这一点就否定她对于工作的信念和意志力。事实上，特朗普让女儿上位也是有原因的，一方面是因为他看重女儿的能力，另一方面是因为他看重女儿的韧性和意志力。

有人曾经问过特朗普，为什么那么坚定地相信伊万卡，毕竟再念及亲情的人，也不能那么着急地将经营大权交到女儿手上。特朗普的回应是，“我女儿是那种不把问题解决就不罢休的人，这一点是我最看重的”。在最初进入职场的时候，伊万卡就是一个意志力比较强的人，很多人认为她是一个千金大小姐，必定也吃不了什么苦，做了能做的工作就行，至于其他难以解决的问题和工作可以适当放松。但事实并不是这样，在工作中，她非常执着，只要认准了要做什么工作就一定会坚持做下去，哪怕问题再多、困难再大，也不会放弃。

比如，在最初进入福里斯特城公司时，她只是一个小职员，后来才一步步爬到了项目经理的位置，但所谓的项目经理实际上并不是什么有权力或者很轻松的职位，每天都要和买房子的人打交道，要处理很多琐碎的文件，甚至可能每天还要在工地上转一转，要和工人、挖掘机、钢筋、水泥、粉尘待在一起，说得更直接一点，她其实就是一个小的负责人，有时候还免不了要做一些脏活累活。对此伊万卡根本没有任何怨言。早在毕业之前，她就已经打定主意去一家和父亲没有任何关系的房地产公司锻炼，而且也立誓至少要待上一年，无论条件多么艰苦，无论薪水多么微薄，无论自己会面临多少压力，都不会轻易放弃。

所以在工作之后，伊万卡时常提醒自己“不过是一个普通职员”，也时常提醒自己必须坚持不懈。尽管工作很忙碌，而且压力也不小，但是伊万卡从来没有想过半途而废，她认为自己既然决定了要在外面锻炼一年，既然决定了要为进入父亲的公司做准备，也答应了父亲要独立自主，那么就必须将这一年的工作坚持做完。

可以说正是因为懂得坚持，正是因为她能够在最基层的工作中保持良好的心态，所以整整一年时间，她都保持着最佳的工作状态。而在这一年时间里，她学到了很多东西，一些房地产公司最基本的运作流程、一些工程项目推进的基本环节，以及房地产公司整体的分工、对外销售的方法等，这些都让她积累了丰富的知识和工作经验。

所以当一年期满之后，伊万卡非常感恩地说："我在这儿学到了重要的东西，这些将帮助我更好地展开自己的职业生涯。"这一切固然和她的能力、领悟力有关，但更重要的是她的坚持，正因为坚持，她才能够不断进步。看到女儿学有所成，特朗普发现时机已经成熟，于是就准备聘请女儿到自家公司上班，而羽翼渐丰的伊万卡也没有拒绝父亲的邀请，毕竟能够在父亲的房地产公司上班是她儿时最大的梦想。

在进入父亲公司的那一刻，伊万卡的确比谁都高兴，毕竟从几岁开始，她就已经学着父亲的模样，在办公室的玻璃窗下俯瞰全景了，她眼中的那些房子和建筑未来都将会成为她手中的玩具，而现在一切都梦想成真了。如果说模特生涯她坚持了三四年，那么为了达成进入父亲公司上班的愿望，她可能已经坚持了二十多年。

不过，在进入公司之前，特朗普明确提出了要求，那就是绝对不会给予她任何特权，除了一些职位规定的权力之外，她在公司享受不到任何额外的权力，而且一旦工作做不好，就意味着离职。对特朗普来说，他希望女儿能够一直承受住压力，能够在自己的工作岗位上坚守下去，这样他才能够放心地将业务交给女儿去打理。

伊万卡面临的工作难度以及她作为接班人所承受的巨大压力，都可能会让她产生疲劳感和恐惧感。伊万卡的朋友曾经说过，在富二代和富三代这样的圈子里，有很多企业家的子女都曾想过子承父业，都想过接班家族企业，但是成功的人并不多。很多人只是单纯地继承了家里的财产，而没有足够的能力和勇气坚守家业，因为他们在工作中所面临的期望以及社会舆论的压力会比普通职员大得多，他们必须谨慎处理好每一个问题。

这个朋友并不认为伊万卡真的就比其他人更具某种解决问题的天赋，并不觉得伊万卡的能力就一定比其他人要高出好几个档次，关键在于伊万卡的态度要更好。至少在面对压力和困难时，伊万卡所表现出来的就是“我要坚持做出一个好结果”的态度，既然进入了公司，既然答应要帮助父亲管理公司，那么就一定要坚持把工作做好。

比如，当初伊万卡曾经在拓展亚洲市场时遭遇了很多的挫折，包括内部的不支持、市场的不成熟、方案的不够完善，还有一点就是竞争格局下的风险，这些都让伊万卡感到苦恼。实际上，当特朗普公司准备将业务拓展到亚洲时，几乎所有人都没有对这块市场抱有多大的希望，因此集团公司愿意给伊万卡的支持并不算太多，而且所有人的耐心都是有限的。而伊万卡始终没有放弃，她这样激励自己：“当你遇到拒绝时，它不意味着‘永远不’，而是意味着‘还不到时候’。”正因如此，那段时间，她坚持每隔一段时间就收集数据，然后将其反馈给公司，她就这样一直做了好几个月，才制定了一份完善的报告，并且将大致的投资信息、潜在的利润以及发展的大致方向和步骤全部梳理清楚。特朗普正是被女儿的坚持所打动，最终加大了对亚洲市场（韩国、印度、土耳其、菲律宾等国）的投资。

事后，特朗普也认为女儿遗传了特朗普家族一贯的“坚持到底、不达目的誓不罢休”的作风，而这是一个成功人士必备的要素。伊万卡也觉得父亲特朗普在他们很小的时候就开始灌输永不放弃的思想，他总是以自己的亲身经历说话：“很多朋友破产了，再也没有见过他们。但幸运的是，我没有选择他们的路。因为我在成功的人身上看到的最普遍特点就是他们从不放弃。”

对此，伊万卡自然也是耳濡目染，得到父亲的真传。当然，对于伊万卡来说，她并没有想过自己一定会成功，但是坚持做下去，自己会有成功的机会，而一旦主动放弃，那么将一点机会也没有。很显然，对于伊万卡来说，促使她一步步走下去的王牌就是“坚持”，就像她在自己的书中所写的那样：“世上没有任何事物可以取代坚持。才华不行，那些有才华的人不能成功的实例太常见了；天赋不行，‘没有回报的天赋’都快成一个俗语了；只有教育也不行，这个世界到处都充满了教育失败的人。但只要你坚持，你就无所不能。”

5.热情是成功的重要保障

找到你热爱的事情并且开始去行动。如果你不是深深热爱一件事情，你很难做到优秀。我认识很多聪明的人都没有做到这一步，因为其他人比他们更有激情，工作更努力，而且更加专注。

——伊万卡·特朗普

有家媒体曾经在采访伊万卡时，提到了这样一个问题：“在你成长的过程中，学到的公司经营最佳建议是什么？然后在你经营自己公司的时候，你获得的公司经营的关键机密又是什么？”伊万卡回答说：“我想最基本的是，如果你想在任何事业中获得成功，就必须非常热爱它。你必须找到那些能让你早上从床上爬起来就想做的事。”

实际上早在她进入寄宿学校学习金融的时候，就有人不断询问她是否做好了进入房地产公司的准备，是不是在将来一定要从事房地产方面的工作。当她下定决心去乔治敦大学和宾夕法尼亚大学沃顿商学院学习的时候，别人更是用这些问题来考验她，在最初的时候，伊万卡显得有些紧张，尽管她一再声明自己本来就是学习金融专业的，这与房地产有着天然的联系，可是在别人一次次询问之后，伊万卡意识到这不仅仅是一个目标，不仅仅是一个口头上的承诺。

在那之后，她开始更多地反省自己，以便确保自己真的拥有这种工作的热情，确保自己真的足够喜欢这项工作，以及确保自己有足够的毅力坚持下去。很显然，伊万卡必须清楚一点，那就是确保自己是因为激情、因为热爱，才从事房地产方面的工作，而不仅仅是出于对家族的责任，出于对父亲应尽的义务。石油大亨洛克菲勒说："如果你视工作为一种乐趣，人生就是天堂；如果你视工作为一种义务，人生就是地狱。"

这样的现实案例有很多，有很多富二代接班人往往会迫于家族内部的压力而接受家族生意，可是由于内心缺乏足够的热情，他们并没有特别喜欢自己的工作，导致他们对自己的事业产生一定的排斥，这就为将来管理企业埋下了隐患。父亲特朗普在伊万卡准备去读书深造之前虽然没有直接问她是否想好了要去做和房地产有关的工作，但是对伊万卡来说，她能够感受到来自父亲的疑惑。伊万卡认为父亲也肯定希望自己能够在工作中保持热情，毕竟过去父亲一直都在强调热情这件事，正如伊万卡所说："他教导我们，如果我们把理想和激情结合起来，保持持久的工作热情，那将没有什么不能实现的！"

对此，伊万卡真的进行过认真思考，否则她也不会贸然做出进入商学院学习的决定，对她来说，进入父亲的房地产公司上班那是一个从小的心愿，而且她也察觉到自己对于建筑物的喜欢，她所喜欢的就是房地产，甚至达到了一种痴迷的程度，以至于她经常会对着那些建筑发呆，会对那些美妙的建筑产生丰富的感情。“我喜欢每天早晨醒来，俯下身看着中央公园，还有所有美得让人震惊的建筑物，阳光描绘着它们的轮廓。”在伊万卡看来，那些建筑物不仅融入了自己的生活当中，还融入了自己的血液和精神之中，它们和她是一体的，而她则需要不断发挥自己的创造力和价值去打造更多更完美的建筑，在建筑的领域获得更大的成功。

当然仅仅喜欢还是不够的，想要将工作做好，还需要将单纯的喜欢转化成工作的激情，只有保持热情，工作的积极性才会更高。在参加工作之后，伊万卡更加强烈地感受到了这一点。当时她的身边聚集了很多不同类型的顶尖人才，这些人才在各自领域内都堪称最优秀的专家，在行业内做得非常出色，他们都是各自领域的成功人士。而这一切都有一个共同的原因，那就是他们都真心地热爱自己的事业与工作，都在想办法全身心地投入自己的工作当中。对于伊万卡来说，那些一开始就不是真心对待工作的人，他们的激情会在不久之后慢慢消退。尽管有很多人会因为进入了另一个更高的人生阶段而做出了改变，他们不再变得那样雄心勃勃，不再像过去一样如此执着且专注，但是对于绝大多数人来说，对于绝大多数正在奋斗且有所追求的人来说，如果缺乏热情，如果不是真的非常热爱自己的事业，那么他的事业也不会非常有影响力，至少不可能获得太大的成功。

在结识到越来越多优秀的工作者之后，伊万卡更加坚信热情的重要性，也一直都在想办法往工作中注入更多的热情，并也以此来勉励自己以及其他年轻人。伊万卡曾经在参加节目时，以过来人的身份劝导年轻人应该好好利用高中和大学的那段时间，去好好充实刚刚工作的那几年时间，在这些时间段，每一个人都可以尽量去做出各种尝试，然后尽可能找到或者选择一种自己最适合也最喜欢去做的事情，最好能够找到一件自己愿意去做一辈子的事情。

实际上，在工作之后，伊万卡始终保持着高昂的斗志和旺盛的精力，除了在家陪同家人以及进行一些必要的锻炼之外，她几乎将所有的精力和时间都投放到自己的工作当中了。尽管她总是能够合理地分配好时间，但还是常常觉得工作时间有些少，正因如此，她总是拿出百分之百的专注度来工作。在很多人眼中，伊万卡就是一个十足的工作狂，而且似乎永远不知疲倦，就像特朗普集团公司的口号一样："永不停歇"。

在平时休息的时候，很多人都会选择外出旅游，或者选择和朋友出去跳舞喝酒，伊万卡很少会这样做，她会花点时间陪同家人，然后在晚上找点剩余时间来学习，无论是管理还是其他经商的书籍，她都想要涉猎。在伊万卡看来，阅读和学习就是工作投资的一部分，她只有了解更多的管理知识，才能真正将父亲的公司管理好，才能将父亲的生意越做越大。

公司同事认为："她是一个疯狂投入的人，她所做的一切都是为了让自己的工作看上去更加完美。"很少有人会对她的工作态度吹毛求疵，就连向来精明苛刻的特朗普也丝毫不吝惜赞美之词，他认为伊万卡是一个非常值得信赖的帮手，原因就在于她总是努力付出更多，而且对于工作中的一切都是那么兢兢业业，让人非常放心。事实的确如此，她通常只愿意做那些让自己喜欢的事情，而且愿意为那些事情投入更多的精力。但从更为职业化的态度来说，一旦我们选择了做某份工作，那么就一定要保持专注，一定要对这份工作负责到底，这是一个工作者最基本的职业态度。对此伊万卡始终牢记于心，无论是出于爱，还是出于尊重，她都要全身心地投入工作当中，都要努力做到最好。

伊万卡就是希望自己无论在什么样的情况下，都要保持对工作的热爱。她曾经在一档节目中说过，现在有很多人对自己的工作缺乏热忱，总是抱怨公司亏待了自己，总是抱怨自己遭受到了不公平的待遇，他们一天到晚更习惯于抱怨。“我受够了这份工作，受够了我的老板。”“我再也不想干这份工作了，我要跳槽。”“我很累，我很烦。”“为什么我还会在这儿忍受这种折磨。”……这些抱怨的背后往往意味着职员在工作当中缺乏热情，他们并不喜欢自己的工作，而更加在意目前的待遇，但是当自己缺乏工作热情的时候，他们显然难以做出与高工资相匹配的业绩。

伊万卡自始至终都保持着良好的工作状态，而这也是她一步步变得更加强大的原因，也是她能够获得特朗普青睐的重要原因。一位商界的朋友曾经提醒特朗普说：“如果你想要让自己的孩子成为有担当的人，希望他们能够接手你的生意，那么最好不要那么快交出手中的大权，最好不要让他们误以为自己足以应对一切。”特朗普知道这个朋友是出于一片好心，但还是忍不住酸了对方一把：“我的女儿是最优秀的，她可不像你的孩子，你看看她在工作中做了什么，你看看她那股工作的劲头儿，你就会明白我可不是在做什么傻事。”

伊万卡显然没有辜负父亲的信任，在进入特朗普房地产公司以来，她一直都表现良好，态度认真，这帮助她一步步成为整个集团公司中最核心的成员之一，也成了特朗普最信赖的接班人。可以说热情不仅仅让她喜欢上了房地产，更让她获得了巨大的成功。

6.细节决定成败

奢侈讲求的是高质量，它追求的是产品或者是产品本身。很多人在市场宣传中标榜自己的产品是奢侈品，他们在产品的外包装、产品信息或者是产品销售上投入大量资金，而不是投入产品本身。不管是一件服装，还是一件配饰，或者是不切实际的一个空想，奢侈品只是对于真实存在的一个叙述，这也是它真正的价值所在，注重细节和执行十分重要。因为这能在根本上将最好、中等和很好区别开来。

——伊万卡·特朗普

熟悉伊万卡的人都知道她是一个注重细节而且很少犯错的人，她总是细心谨慎地对待每一项工作，总是尽可能把所有的事情做到天衣无缝。比如，在说话的时候总是滴水不漏，根本找不出太大的破绽。在演讲的时候更是用心遣词造句，每一个句子、每一个词汇都把握得恰到好处。在做事情的时候，也是尽可能关注每一个重要的细节，会将每一个环节和步骤进行仔细分析和监督，会尽量将每一个点都做到位。

无论是对手，还是朋友，他们都觉得伊万卡就是那种能够“将所有失误都尽量控制住的人”。当然也有很多人认为伊万卡根本没有必要这么小心谨慎，根本没有必要把细节看得那么重要，但是对伊万卡来说，细节中往往藏着恶魔，一旦某个环节出错，一旦某个细节出现了纰漏，那么就可能会满盘皆输。

在模特圈流行着这样一句话，大意就是“不要让衣服上的一个褶皱摧毁你的魅力”。伊万卡有过从事模特行业的经验，知道如何去精心装扮自己，知道精心处理好每一个装扮的细节对于T台走秀有多么重要。而在商场和职场中，细节就显得更加重要，个人的服装打扮、个人的言语、个人的动作表情、个人的工作细节都需要进行严格掌控，不能太过随意，否则就可能会对自己的工作造成很大的影响。

在多年的工作中，她已经见惯了这种细节错误引起的失误：如一份毁约的合同很可能只是由于一两个含有歧义的词汇造成的；一次会谈就是因为一句不够严谨的话而得罪了客户；一架机器停止运转就是因为某个螺丝少拧了一圈；一次人才提拔被错过就是因为某个多余而不合理的动作。伊万卡曾经说过，任何事情都是可以做到更好的，但是在很多时候往往因为一时疏忽，结果导致所有的工作陷入停滞或者失败。

她自己对此深有感触，而且也亲身经历过，有时候一份报告或者策划方案由于细节描述不够而遭到父亲的退货；有时候由于理由不够充分而遭到客户的驳斥和批评；有时候因为房屋设计的某个细节不到位而遭到买家的质疑。在与其他人打交道的过程中，伊万卡日益明白细节的重要性。

比如，在父亲的公司工作时，她会认真处理好每一份文件，会认真从每一通电话或者每一份报告中寻找最重要的信息。伊万卡的丈夫杰瑞德就说过，妻子对于工作的态度让人惊叹，通常她会在睡觉之前收发一些邮件，那个时候往往已经是半夜了，可是伊万卡丝毫不会就此马马虎虎、应付了事，而是严格审核和处理每一封邮件，哪怕再晚再累也要逐字逐句看清楚，也要详细把握好每一个细节，直到她觉得放心了才会结束一天的工作。

向来精明的特朗普在某些方面也会经常出现疏忽，因此他更加放心将一些销售和管理的工作交给伊万卡来处理，而他所看重的就是女儿的细心。据说，特朗普会经常将伊万卡叫到办公室，让她审核自己的发言稿或者讨论某个想法，对于一些不合理的地方，伊万卡有“直接提示并予以纠正”的特权。即便女儿不在身边，特朗普也总是习惯性地说“把伊万卡叫来”或者“拿去给伊万卡看一看”。特朗普有时候为了避免犯错，常常一天会给女儿打五六通电话，为的就是向女儿征求意见。

相比于其他几个孩子，特朗普显然对伊万卡更加放心，这不仅仅体现在个人能力上，关键还体现在个人办事的态度上。对于两个较大的儿子，特朗普知道这两兄弟虽然能力出众，但是为人处世不够谨慎小心，常常和自己一样会犯下一些明显的错误，也常常会口无遮拦地说一些不着调的话。而伊万卡从来不会这样，她会注意到每一个细节。伊万卡的丈夫杰瑞德的一位商业伙伴在和伊万卡接触之后也曾对伊万卡的为人大加赞赏："伊万卡不同常人，她有点像比尔·克林顿。她似乎百分之百不会出岔子。"

有人曾经说伊万卡身上有着母亲伊凡娜的身影，而她如今所做的一切也都像她母亲当年对特朗普所做的一样，这两个女人都曾为特朗普的事业兢兢业业、毫无保留地付出。伊万卡或许从来没有主动或者刻意将自己和母亲进行对比，但事实上，她的确对母亲身上的一些优点记忆犹新。伊万卡说自己的母亲一直以来就是一个非常注重细节的女人，这种态度不仅让她的生活变得更加精致，也让她能够将工作做到极致。伊万卡曾经提到母亲的一件事，那时候伊万卡还只有六七岁，当时她陪同母亲乘坐直升机到亚特兰大市区去视察父亲的赌场，"我记得非常清楚，我们一下飞机走进大堂，当时整个天花板是一长排吊灯，成千上万的灯泡，我发誓，她连头都没抬就直接指着总经理告诉他，有一个灯泡坏了。我当时就肃然起敬了"。实际上，伊万卡一直都没弄清楚母亲到底是如何在那么短的时间内就发现坏掉的灯泡的。直到后来，她通过观察母亲的一言一行，才慢慢意识到母亲是一个非常细心的人，她是一个非常注重细节的人，只要看上几眼就可以知道哪些地方做得非常好，哪些地方存在瑕疵。

《福布斯》杂志的第二代掌门人马尔科姆·福布斯曾经公布了特朗普的家产，并且对特朗普做出了这样一番评价："唐纳德·特朗普最大的成就并不是特朗普大楼、特朗普赌场，或其他令人眼花缭乱的东西，而是伊凡娜。"事实上，特朗普具有大局观念，懂得把握投资机会，而伊凡娜更擅长细节把握，她能够从最细微的地方把事情做到极致，因此两个人能够在商业上完美地契合在一起，而伊万卡则继承了母亲伊凡娜和父亲特朗普各自的特长，既能够把握大局，又更加注重对细节的掌控。

有人觉得特朗普将女儿定为唯一认可的继承人，这是有道理的，也是非常明智的举动，因为在瞬息万变且竞争激烈的商界，任何一次失误都可能会给自己带来重大的利益损害，甚至可能会带来灭顶之灾。特朗普自然明白这一点，而如今在整个家族的下一代成员中，除了伊万卡稳重、聪明、谨慎之外，其他几个孩子都缺乏这种细节处理的能力和态度，至少目前看来，伊万卡仍然是最让他放心和满意的人。

除了能够严格把关父亲的生意之外，对于自己的事业和公司，伊万卡同样不敢有丝毫的懈怠，她不希望自己的事业因为一个小小的失误而毁于一旦。所以在平时，伊万卡会亲自参与珠宝或者鞋子的设计，会亲自把关每一道工艺。如在销售鞋子的时候，她会关注鞋子的原材料、设计、做工、加工、包装、广告宣传等每一个步骤，她从来不希望出现次品和残品，任何一个瑕疵都可能会对自己的品牌造成很大的冲击。

如果说在父亲的公司上班，她需要对自己的工作负责，需要对父亲负责，那么当她创立自己的品牌之后，面对的是整个团队，是自己在自主道路上的未来，为了赢得这个未来，她就必须把握当下，就必须把握好当下的每一个步骤和环节，必须将自己的品牌和公司打造得尽可能完美。

伊万卡待人温和，但对工作的严格程度比谁都要高，她平时乐于和员工开玩笑，也乐于给予他们更多的自主权，但前提是每一个人都要认真应对自己的工作，她告诫每一个员工一定要避免出现一些明显的漏洞和错误。尽管没有任何一家公司可以做到十全十美，没有任何一家公司的管理可以做到滴水不漏，没有任何一家公司的产品可以做到完美，但伊万卡所要求的就是尽量减少瑕疵，尽量让一些细节问题获得重视。至少她绝对不允许一瓶准备出售的香水贴错了标签、不会允许一双鞋跟存在裂纹的凉鞋出现在货架上、不会允许设计师胡乱提供一份不那么吸引人的设计方案。这些年来，伊万卡的珠宝、皮包、鞋子、衣服都是以细节取胜的，尤其是设计上的精细处理，让这些产品更加受到市场的青睐。

事实上，当她开始创建自己的品牌之后，变得更加谨慎和严格，因为富二代、富三代在创业过程中所遭受的压力往往很大，而且能够在事业上获得成功的人并不多，她并不希望自己被人说成只是走走形式而已，不希望被人说成一次玩票性质的投资，或者并不想被人认为她只是想要做一点事情来打发无聊的生活而已，这一次她是认真的，而这种认真最重要的就是通过细节体现出来。

很多人都会发现伊万卡有着非常明确而详细的时间表和日常安排，伊万卡曾说："我给自己安排了非常严格的时间表，所以我从未迟到过，这是我从父亲身上学到的。我也会安排会议时间，回复电话和邮件的时间，按时回复工作事务是非常重要的。"

有的人认为这根本没有什么必要，毕竟提前一分钟和拖延一分钟并不会对工作造成什么重大影响，多做一分钟和少做一分钟也不会带来什么大的影响。但是伊万卡并不这么认为，她觉得时间管理一定要注意细节，一定要尽可能详细和精确，这不仅仅是纪律性和自我约束的问题，更是一种积极的工作和生活态度。可以说，这些年来，正是因为伊万卡注意对细节进行把握，她才能够在工作中获得不菲的成就。

第四章

开拓自己的视野

我喜欢自由轻松的生活。我关注大局，但有的时候过于沉醉于次要的细节，我总是需要提醒自己不要这样。

1.做好自己，而不是成为别人的影子

如果我总是拿自己和我的父母比较，我会有一条苦涩艰难的长路要走。

——伊万卡·特朗普

对于那些豪门子弟来说，他们往往是幸运的，因为出生在一个更好的家庭环境中，他们从小就能享受到更多、更好的资源，拥有更好的生活条件，他们在生活和工作中可以享受到更多的便利，也具备更多的生存优势和竞争优势。至少对于那些身家亿万美元的富二代、富三代来说，他们的起点往往要比别人更高，因此在事业上获得的帮助通常会更大。

但是除此之外，富二代和富三代往往也会遭遇一种无形的家庭压力与社会舆论压力，因为无论是家庭内部还是外在的社会，都会对他们提出很高的要求，都希望他们可以在优渥的条件下做出更

优秀的成绩。而且他们往往会有意无意地被人拿出来与其父母进行比较，因为大家都想知道他们是否有足够的能力接班父母，是否有足够的能力去超越父母，这会让那些富二代和富三代承受巨大的成长压力，甚至于迷失自己。更为不合理的是，一旦他们做得还不错，就会被外界解读为“这很正常，你父母给你创造了那么好的条件”，或者“你只是沾了父母的光而已”。而一旦他们做得不好，那么各种质疑和指责就会铺天盖地地压在他们身上，别人觉得他们缺乏上进心，缺乏和父母一样的能力。

无论是哪一种情况，其实都会导致富家子弟一辈子都活在父母的阴影里，甚至单纯地成为父母的影子，至少在现在的美国社会，多数富二代都没有办法摆脱父母的阴影，都没有达到父母那样的高度。伊万卡会走这样的老路吗？她该如何正确地处理自己的事业问题，该如何脱离父母的光环，尤其是父亲的光环？

实际上从她出生的那一天起，争议就已经存在了，伊万卡没有办法抹杀这个印记，没有办法抹杀掉特朗普家族给她创造的一切优秀条件，更无法忘记她身上的姓氏。后来进军模特界，她也被认为是步母亲伊凡娜的后尘，他们会这样说：“特朗普家的女儿准备成为伊凡娜那样的超级模特，她会像她母亲一样出名的，也许还会超越伊凡娜。”这样的话说不上是褒义还是贬义，但对于伊万卡来说，在慢慢成长起来之后，她急于脱下父母罩在她身上的光环，尤其是她父亲的光环。

早在2000年的时候，刚刚成年的伊万卡就在媒体面前大方地表示：“我希望别人是因为我而选择我。”言下之意，她并不希望别人过度关注她的姓氏，并不希望别人过度将其和父亲特朗普捆绑在一起，她渴望成为一个独立的个体，一个与父亲不同的人。

在任何场合，伊万卡都有意无意地和父亲撇清事业上的关系，如在工作的时候，为了平息他人对她工作能力的质疑，伊万卡不得不一次次站出来说："作为父亲的女儿，我必须要优秀，我不希望别人觉得我是靠他，我得用自己的能力说话。"

她不仅仅是说说而已，而且在各个方面都表现出了和父亲截然不同的一面，这恰恰是特朗普欣赏女儿的一个重要原因。其实特朗普还有多个儿子，其中和前妻伊凡娜生了两个儿子，他们都是伊万卡的亲兄弟，但是这对兄弟和伊万卡却不大相同。

大儿子唐纳德·约翰·特朗普同样毕业于宾夕法尼亚大学沃顿商学院；二儿子埃里克·特朗普，毕业于乔治敦大学，和伊万卡一样，这兄弟二人在毕业后也相继进入父亲的集团公司上班，并且凭借出众的能力担任要职。但无论是大儿子还是二儿子，都无法让特朗普感到满意，而且外界对兄弟二人的评价也不太高，至少大家对他们缺乏印象，而造成这一切的原因并不在于兄弟二人的能力，而在于他们和特朗普实在太像了，而这种相似性注定他们会被淹没在父亲的光环里。

比如，大儿子不仅在父亲的公司工作，而且还继承了特朗普的大嘴，脾气暴躁，说话口无遮拦，经常和媒体、网友发生激烈冲突，在一些比较敏感的问题上总是管不住自己的嘴巴，说一些让人感到气愤的话和发表一些非常出格的观点。当父子双方的谈吐如此一致时，人们自然就容易将他忽略掉。而在为人处世方面，大儿子尽管言谈举止非常奇怪，但是却始终都没有摆脱父亲的影子，而且即便工作能力再强，也没有独立于父亲的集团公司之外。

二儿子埃里克·特朗普相对来说比较平易近人，说话也很温和，而且也经常和父亲一样在私底下帮助那些需要帮助的人，但是他在做事方面往往不够周到，经常做一些让人感到莫名其妙的怪事，这一点又和特朗普非常像。有意思的是，在投票选举总统的时候，唐纳德·特朗普曾经瞄了一眼妻子填写的选票，无独有偶，埃里克·特朗普也在投票时瞄了一眼妻子的选票。事后，他还在推特上展示了自己给父亲投的选票，结果被人抨击为触犯纽约州的法律。如此无头无脑的风格既和父亲很像，又让特朗普感到沮丧和不放心。

实际上很多人分析其中的原因，就在于特朗普本人的性格特征太过明显，而儿子们为了显示自己的存在感也纷纷学习这些为人处世的方法，结果反而让自己越陷越深，大家并不会对两个和特朗普相像但明显比不上特朗普的人感兴趣。特朗普也曾在媒体面前无奈地说："我生了五个孩子，总有一个会像我。虽然事实证明：不仅有，而且一来就是俩……"这样的话无疑证明了一点：特朗普一直以来都希望子女能够脱离特朗普家族的既定形象，能够展示一些完全不同的东西。

不仅如此，特朗普还多次在公开场合批评两个儿子，如批评长子一味活在父母的影子里，进取心不够："我26岁的时候，千方百计想着如何成为家族企业的接班人；而小特朗普（长子）26岁时，却在等待自动成为家族企业的接班人。"特朗普甚至大爆猛料，认为长子花钱大手大脚，让他感到诧异："小特朗普在向女友范（人名）求婚时，订婚戒指那叫一个大，挣钱能力不行，花钱讲排场倒是非常在行。"而关于奢侈的消费，这一点无疑得到了特朗普的真传，但这种继承显然让他感到不爽。

至于二儿子，特朗普同样很不满意，他曾经这样批评二儿子：“和别人说话时，他总是谈论自己父亲怎么优秀，这一点让我很失望，因为我的优秀和他没关系，他没必要拍我的马屁。”这样的批评几乎毫不留情，很明显，特朗普希望儿子能够走自己的路，而不是一辈子都和自己的父亲捆绑联系在一起，这样只会让自己更加缺乏魅力。

而伊万卡明显不一样，她深知父亲的影响力和形象，因此尽量避免走父亲的老路，更不会刻意模仿，反而形成了自己独特的风格。伊万卡说：“保持独立的个人形象往往是成功的第一步，也会是最重要的一步，我总是按照自己的想法去做，并且希望赢得他人真正意义上的认同。”所以无论是言谈举止还是性格，伊万卡都和特朗普形成了截然不同甚至截然相反的风格，特朗普更加冲动、暴躁，说话不经大脑，而伊万卡则更加沉着冷静，为人非常理智，很少得罪人。

在其他方面，伊万卡同样保持个性，如虽然她也经常赞美自己的父亲，但是其中也不乏一些幽默的贬损，而且在很多场合，她不大喜欢谈论父亲，也不希望别人将自己和父亲联系在一起。正因如此，特朗普一直都以女儿为傲，而且经常当着媒体的面赞扬女儿。有些人会觉得伊万卡可能事事顺着父亲罢了，但事实并非如此。伊万卡说过：“人们常问我，你和你父亲会不会有意见相左的时候，当然会有啊，如果没有的话那才奇怪吧，我是他的女儿，但不是他的翻版。”伊万卡的态度非常明确：我是我，我父亲是我父亲，我们是不同类型的人，我有我的想法，他有他的想法，我不想处处依赖和顺从他。

前纽约市市长布隆伯格的女儿乔治娜是伊万卡的好朋友，她认为伊万卡是一个非常有主见的人，绝对不是那种轻易盲从父亲的人。事实上，与特朗普家兄弟二人处处维护父亲、对父亲言听计从的态度相比，伊万卡显然要更有主见一些。这种主见并非总是意味着分歧和争执，毕竟她会以一种非常温和巧妙的方式告诉父亲那些不同的想法，会提醒父亲应该改正自己的错误。

随着伊万卡不断展示自己的个性和魅力，很多人对她的看法越来越好，印象也越来越深。加上伊万卡相貌出众，交际能力和管理能力都很突出，特朗普有意将女儿当成企业的接班人来培养。不过伊万卡并没有像大哥一样急于求成，而是始终明白一点：在整个家族企业中，在这家房地产公司中，名片只有一张，那就是唐纳德·特朗普，即便自己做得再出色，她也不过是父亲的小跟班，别人依然会这样称呼她：“特朗普家的千金”或者“地产大王的女儿”。

她还在特朗普NBC真人秀《学徒》中工作，全方位地磨砺自己。面对批评声和质疑声，她是这么回应的：“不管我们的职业路径和父辈们有多大的区别，人们还是会说，如果不是因为他们，我们是不会有这样的成就的。”

伊万卡曾经雄心勃勃地表示：“我既非父亲的翻版，也不是他的随从。父亲为家业创下了伟大的品牌价值，我要做的则是将它带入更高境界。”谁也不知道她是否能够真正做到这一点，就像她父亲当年从祖父手上将家族企业发扬光大一样。不过在此之前，她已经想办法拓展自己的事业，并且期待着能够走出一条与父亲截然不同的商业道路。针对这一点，伊万卡始终都坚信自己可以获得非凡的成功："充满野心以及做可以让你充满魅力的事，当你将两者相结合，就会发生不可思议的化学反应。"

无论如何，伊万卡都在努力寻找属于自己的人生模式，她说："无论我听到或看到关于我父母，还是我家族的事情，我都会为自己是特朗普家族的一名成员而感到自豪。虽然曾经有一段时间，我担心自己的一生会活在我父母的阴影下。"在说出这句话的时候，伊万卡已经拥有足够的底气去向别人证明自己不仅仅是特朗普家族的成员，还是一个非常成功的女商人。

2.永远不要忘了去思考

冥想是我生活中重要的一部分，它能让我思路清晰。

——伊万卡·特朗普

在集团公司内部，伊万卡比自己的两个兄弟要更得父亲信任和重用，原因就在于她更喜欢对父亲提出的方案或者想法进行思考，更喜欢针对某个话题进行深入的分析，而不是唯命是从，按照父亲的要求去做。伊万卡没少给父亲纠错，也没少给父亲提供一些意见，在很多时候，父女二人还会唱起反调，但多数时候，她的确给了父亲很大的帮助。有人曾经问她为什么总是能够给予父亲更好的建议，伊万卡笑着回应说："思考。"只有思考才能让她保持更敏锐的思维，才能让她保持出色的判断力，才能让她有足够的精力去分析是非对错。据说，特朗普每天都要和伊万卡讨论问题，他承认自己非常喜欢和聪明人一起工作，而这种聪明人有一个特点，那就是具有独立思考问题的能力。

在处理自己的工作时，伊万卡同样会注意认真分析和思考，尤其是她成为集团公司的副总裁之后，她发现自己身上的压力更大了。为了处理好分内的工作，为了让集团公司的业绩更上一层楼，她在上班期间一直都处于思想紧绷的状态，也一直都坚持认真思考的习惯。比如，对于别人提交的报告和提案，她一定会仔细阅读和查看，并且自动分析一遍，看看是否完全合理。如果是一些自己要解决的问题，那么她绝对不会草率地执行下去，而是先保持清醒的头脑，弄清楚这件事情的主要内容究竟是什么，它是如何产生的，会产生什么样的效果，到底该如何执行或解决，这几个要求是她处理问题的几个基本原则。

一次，有个工程师向伊万卡提交了一份报告，在这份报告中，工程师提到了项目转换和衔接的概念，并认为这个概念将会为集团公司的项目开发提供新的思路。伊万卡看到这份报告后非常激动，于是第二天立即找到那个工程师，了解相关的情况。

一见面，伊万卡就一连问了几个问题："这个概念现在是否成熟，它的实施需要什么样的条件呢？""在现有的工程技术和条件下，我们是否能够以更低的成本来实施？""这个概念该如何具体实施下去？"不仅如此，伊万卡还说："我昨天对这个概念进行了分析，在某些方面还有一些不清楚的地方，我希望你能给出一个具体的解释。"

这个工程师原本以为伊万卡不会看得那么仔细，因此并没有做好相应的准备，但他还是被伊万卡的态度给征服了。很显然，在短短的一天时间里，伊万卡就认真地思考了有关项目转换和衔接的问题，而且提出的问题也十分专业，一看就是经过认真思考的，这让工程师觉得非常欣慰。所以他最终答应要制定一份更为完整的报告提交给伊万卡看，让她更好地理解这个概念。

事实上，从工作的第一天开始，伊万卡就没打算在公司里充当花瓶的角色，而为了让自己站稳脚跟，她必须做得更多，也必须思考得更多一些，这样才能让自己真正融入工作环境当中，也才能够带领团队获得突破。而很多同事也都认为伊万卡是一个非常有想法的人，她总是能够提供一些不错的发展思路，总是保持思考的状态。“她随时随地都在思考问题，随时随地都在做出各种设想，她的大脑似乎一天二十个小时不停歇，我很少能够见到精力这么旺盛的人。”

“在整个公司里，我们通常都在做一件事——商讨着如何解决问题。而伊万卡不仅要努力想办法解决问题，还总是提出一些新的问题，她比我们中的多数人都要活跃。”

“作为一个高层领导，伊万卡做得已经足够多了，但是她仍旧在想办法制定更高的要求和目标，仍旧设想着更好的方案。”

……

正因为善于思考，正因为她从来不会盲目去做一件事，她才能出色地完成自己的工作，也才能带领集团公司越走越远。伊万卡曾经说过自己虽然非常看重那些工作努力的人、那些能够努力拼搏的人，但是相比之下，一切的努力都需要更具智慧，都需要借助精细化的思考来保障，这样的努力才能产生更大的效果，否则很可能只是在做无用功。

当居里夫人获得诺贝尔奖之后，媒体问她最希望得到什么东西，她很坦然地说："自由以及思考的勇气。"对于伊万卡来说，情况也是一样，她是一个工作狂，是一个对未来充满各种憧憬的梦想家，是一个渴望干出一番大事业的人，而思考成为实现这一切的一个重要因素，因此她总是把自己包裹在一种活跃的思维状态里，总是想着如何去开拓自己的思维，想着如何去深入研究，想着如何去掌控生活。

伊万卡的弟弟埃里克·特朗普认为姐姐和姐夫是同一类人："他们都是非常有计划的人，两个人都用很长的时间去思考和计划，而且思考的内容都非常高端。"在埃里克·特朗普看来，姐姐伊万卡看起来总是精力十足，而且非常有头脑、有条理，她总是能够制订出非常完美的计划，总是在思考一些别人难以企及的话题。

伊万卡自己也承认了这一点，并且表示："父母从小就教导我要努力工作，永远不要落后于时代，我的成长经历为我挑战自己的职业、达到自我目标做了充分准备。我每天醒来都会制订好自己一天的计划，我有很多要追求的目标。"

公司内部有人曾经抨击伊万卡是一个有野心的女人，这些指责并非空穴来风，因为相比于踏踏实实上班，伊万卡总是在思考着创造更大的价值，总是在思考着如何开创更大的人生格局，人们纷纷猜测伊万卡在不久的将来会开拓自己的商业帝国。

当然，也正是因为习惯了去思考，才让伊万卡成为一个真正能够掌控人生的人。她总是能够提前做好人生的计划，总是会提前做好相应的规划，而不是像其他人一样走一步算一步，走一步看一步。当别人还在担心眼前的这一步该如何走时，伊万卡已经想好了下一步该怎么去走。在个人的工作与事业上，伊万卡一直都在进行认真的思考，也一直都希望制定一个更为完善的规划，这能让她在工作上的表现更加完美。

事实上，为了保持更多思考的空间，为了保证给思考创造有利的条件，伊万卡会专门抽出一段时间认真思考，甚至进入冥想状态。在这个时候，她往往会隔绝一切外在的打扰，并且刻意关掉手机："科技是一种了不起的财富，但也会具有极大的破坏性。在你必须一直与外界保持联系状态的今天，优先考虑宏观计划是十分重要的。周末我常花费许多时间仔细思考我想要完成的计划，想清楚我是否达成目标。早晨也是在电话铃声开始响起之前进行自我反省的一个非常不错的时间。"

毫无疑问，一个喜欢思考的伊万卡往往更讨人喜欢，也更具鲜明的个人特质。即便是抛开工作中的出色表现，伊万卡在日常生活中的各种表现也足以引人关注，比如说个人的言谈举止。这几乎是所有人对整个特朗普家族改观的一个重要切入点。

事实上，伊万卡所说的每一句话、所做的每一件事几乎总是表现得非常得体，这让她看起来有些完美。当然，无论是谁都会有缺点，无论是谁都会有一些做不到的事情，无论是谁都会在某些方面表现得很拙劣，伊万卡也不例外，但是和父亲那种经常说错话的情形相比，伊万卡毫无疑问更加谨慎和理性，而这种谨慎和理性往往是建立在思考的基础上，可以说在做每一件事情之前，伊万卡都会很好地衡量和分析这件事可能产生的影响，可能会带来什么负面的效果，因此她会想办法减少这些负面作用。

和父亲特朗普相比，伊万卡无疑更加善于思考，尽管特朗普有着不同寻常的经商头脑以及大局观，但是在很多是非问题上常常欠缺成熟的考虑就轻易把话说出来，结果触发众怒。而她的兄弟往往也是这样，他们在很多时候就像特朗普的影子一样，在处理问题方面容易感情用事，容易凭借直觉去做事，而常常不会冷静下来思考。

如果和伊万卡进行接触，就会发现她并不是那种随随便便就应付了事的人，她所做的每一件事几乎都是经过深思熟虑的，她给人的感觉就是沉稳、放心，而不是那种想到什么就会凭借一股蛮力去完成的人。在公司的对外事务中，伊万卡一直都是核心人物，原因就在于她总是比别人想得要更加周到一些，总是比别人思考得更加全面且成熟一些。

当伊万卡在生活和工作中展示出这种思考的魅力时，人们开始慢慢意识到特朗普家的这个女儿既继承了父亲在商业上的精明和心思缜密，同时也具有更加理性的一面，从本质上来说，她和特朗普并不是同一类人，因为她比自己的父亲要更加细腻、更加温和，也更有深度和内涵。

3.要懂得在工作中贴上属于自己的标签

我认为时尚界、房地产界，以及那些大公司都非常关注执行力和细节，我觉得这一点在这两个产业中也是一样的。在鞭策我自己和我的团队这方面，作为一个人，弄清楚“我是谁”这一点非常重要，因为有些东西不错，有些却极好，两者是有差距的，不错的东西有很多，不太好的也不少，但是好货的确有很多，也有同样多的货真的会变成尾单，我想最终还是关于品牌建设。我们所处的环境里，所有的人都是你的竞争对手，每个人都在创立新的品牌，而且都非常关注品牌，所以权威性非常重要。在我们的两个商业领域，在特朗普，我们的家族产业发展壮大，作为副总，和我兄弟学了不少，当然也跟我爸爸学了不少，还有我自己的品牌，我们都非常注重创造，确保我们保持权威，确保品牌的正宗，这一点我们在这些年里做得很成功。我想这就是这些品牌能蓬勃发展起来的原因。

——伊万卡·特朗普

伊万卡年纪轻轻就坐上了特朗普集团副总裁的位子。她负责的事务包括全球各地房地产项目的评估、前期准备、工程建设以及市场和销售。在这期间，她既要俯瞰全局，还不忘打点细节："酒店装修、员工制服，甚至是房间浴室里的洗发水，都有我的设计。"

很显然，无论做什么，她都希望能够给工作贴上属于自己的标签，她要尽可能地留下自己的印记，而这一点从她很小的时候就已经体现出来了。

有一次，在接受CNN采访的过程中，伊万卡讲述了自己和父亲之间的一些趣事，并且还提到了一个非常有趣的故事。"当时我10 岁，我查出特朗普集团公司的电话号码，用对方付费模式，让对方回电到家里，结果回电的是另一个特朗普。有人注册了我们的名字，我这样提醒父亲要有商标权意识。"尽管当时的伊万卡只是为了引起父亲的关注，但是当她这样向父亲强调商标权意识的时候，证明了她的商业头脑，尤其注重对自身品牌形象的培养和保护。在她看来，如果想要从事自己喜欢做的工作，就要让这份工作贴上自己的标签，而不是和别人有什么相同之处。

而在伊万卡14岁的时候，另一件事也证明了这一点。有一次她见到广告上出现一个名叫"伊万卡的时装店"的新商铺，这让伊万卡非常懊恼和伤心，因为商店的名字和自己的名字完全一样。当时她非常生气地打电话给父亲，向他抱怨为什么没有给自己的名字注册一个新商标："我早就告诉老爸要把我的名字注册上的，我和他说过的。"对于伊万卡来说，自己的名字被别人注册和使用，这是无论如何也无法接受的，因为这就意味着以后她必须在给自己贴标签的时候跟随别人的脚步。而这从另一个角度也证明了她无论做什么，都希望贴上自己的标签，而不希望重复别人要做的事，或者跟随别人的脚步。

这种商业素养实际上为伊万卡日后的工作奠定了基础，她不希望成为别人的仿制品，不希望自己所做的一切和别人有太大的雷同，她渴望所经手的一切工作都具有自己鲜明的烙印，都具备自己独特的风格。她尽力让所有的工作都变成自己的工作，都变成具有个人风格的工作。

比如，在和父亲进行交流的时候，她并没有将自己局限在女儿或者下属的定位上，也没有将自己定位成一个服从者和执行者，她总是拥有自己独立的意见和看法，总是巧妙地运用智慧来展示自身独特的魅力和价值。很多人都认为伊万卡在为父亲特朗普工作，她只是特朗普家族中的一个工作者，就像她的兄弟姐妹一样，他们都是为父亲的商业帝国而努力的人。

面对别人的评价和质疑，伊万卡并不想多做解释，实际上从一开始进入房地产公司，她就下定决心要帮助父亲拓展商业版图，她并不忌讳自己成为父亲的助手，并不忌讳别人说“这是你父亲的公司，你充其量只是一个帮手”。在伊万卡看来，自己原本就是想要进入父亲的房地产公司上班，并将家族企业进行扩张的，这也是她喜欢这份工作的一个重要原因。但是伊万卡绝对不是一个单纯的服从者，不是一个按照父亲制定的人生规划去走的人，她拥有自己的主张，哪怕是为父亲工作，她也不会忘记如何展示自己独特的个性化的特质。

和伊万卡一起工作的人都知道，伊万卡是一个非常有主见的人，而且她的行事风格与工作中的想法都是与众不同的，她有着特朗普家族的那种自信，但是绝对不盲目跟随父亲特朗普的脚印。而且和她那几位兄弟姐妹不一样的是，伊万卡更加自立，更加懂得如何在工作中展示自己的东西，而不是展示一些能够迎合父亲或者具备特朗普特质的东西。比如，在进行策划和商议的时候，她的几个兄弟总是遵从父亲的意思行事，而不会想着如何更中肯地提出自己的看法和意见，而伊万卡则会巧妙地给父亲提一些醒，给出一些不同的看法，尽管为了顾及父亲的想法和权威，她会非常委婉地给出意见，但即便是这样，她也在整个计划和商议中融入了自己的观点和印记。

正因如此，在很多事情上，特朗普都非常乐于倾听伊万卡的想法，甚至经常主动询问伊万卡是否有什么不同的意见。可以说在整个决策圈，伊万卡比她的兄弟以及其他元老级高管都要立足更稳一些，就是因为她没有一味迎合别人，没有忘记加入自己的东西。她是整个特朗普家族孩子中唯一一个在父亲面前表现出鲜明的、独立的个人形象的人，这使得特朗普对她有了足够的信任。很多了解内情的人都认为伊万卡对特朗普几乎具有决定性的影响力，在很多重大事情上，特朗普如果拿捏不定，首先一定会通知秘书："把伊万卡叫来。"这句话如今成了特朗普的口头禅，他几乎离不开伊万卡的意见，而这和他那种强烈的自主意识似乎是冲突的，不得不说伊万卡的个性正在赢得特朗普的信任。

在日常工作中，伊万卡能够给她父亲提供一些新鲜的意见，能够给出一些与众不同的想法。特朗普不一定每次都会认真采纳，但是每一次都绝对会认真倾听，他希望看到女儿给出一些不一样的东西，他乐于看到女儿拥有自己的想法。在这一点上，自诩为最强领导人的特朗普有着非常难得的包容心和远见，毕竟如果每一个人都完全服从于他的想法和意见，那么公司前方的路就会越走越窄。

在对内事务上，伊万卡保持着独立自主的意识，保持着自己的想法和个性，而在对外事务上，她同样选择了保持一个自主的状态，即便所有人都知道这家集团公司的主人是特朗普，都知道这家公司的对外风格是特朗普式的，但伊万卡并没有按部就班，她渴望给合作伙伴以及客户带来不一样的体验，希望用自己独特的风格打造出一种更加亲和的外交风格。最明显的就是谈判，在与客户进行谈判的过程中，她表现出了典型的伊万卡式的交际和谈判风格，如她在谈话时非常理性和冷静，总是表现得彬彬有礼，而且善于洞察客户的一举一动。这一点和特朗普截然不同。

特朗普虽然足够精明，而且深谙谈判之道，但是过于商业化、利益化的处事风格让他在说话的时候显得有些刁钻，有时候甚至会表现出粗鲁和压迫的一面。相比于在商言商的父亲，伊万卡在与客户交谈的时候，态度更加温和谦卑，说话更注重礼仪，举手投足都温文尔雅，让人觉得特别放松和舒服。而这也让她在谈判中占据了更多的主动权，使她赢得了更多的好感。

很多人都觉得伊万卡是特朗普公司的一张商业名片，过去的名片是特朗普本人的，但现在伊万卡成了代言人，她在公司的对外事务尤其是商务谈判中体现出了截然不同的风格，体现出了非常成熟且高明的交际手腕。这一点可能是伊万卡在公司中最大的收获，也是最能体现个人价值和塑造个人形象的工作。

事实上，熟悉内情的人都知道，特朗普在众多子女中一直偏爱伊万卡。特朗普也曾多次表示自己很欣赏女儿的才能，而且女儿和自己完全不同，她具有自己的一套非常成熟的风格。而现在他也愿意给女儿更多的权力和表现的机会，为的就是让女儿更多地接触和了解业务，让她在更多的领域留下自己的印记。

而从目前的工作来看，伊万卡做得非常好，她在各项工作中都留下了自己的影子，都注入了自己的影响力。至少在特朗普公司，伊万卡已经成为特朗普之外的二号人物，而且很多人都会觉得这家房地产公司正在慢慢发生一些变化，伊万卡成了这些变化的主要推动者。有人私底下议论伊万卡，认为她在不久的将来也许真的会继承父亲的意愿和产业，而到了那个时候她会利用自己的方法和能力将房地产公司打造成具有伊万卡特色的商业帝国。

这种议论并非不可能实现，毕竟伊万卡已经成为特朗普最依赖的人，而现在人们也经常会说“看吧，这是伊万卡做的”“这是伊万卡的部门”“这是伊万卡的想法”，在他们看来，伊万卡已经不仅仅是特朗普的女儿，已经不再是一个在刻有“特朗普”三个字的房地产公司里任职的副总裁，她的名字叫伊万卡，她的做法是彻彻底底的伊万卡式的，她是一个能够独立塑造出自身影响力的女强人。对于伊万卡来说，这样的评价和赞扬往往是她最看重的，也是她最欣慰的事情。

德国作家歌德曾经说过：“你若喜爱自己的价值，就得给全世界创造出一个价值，在创造出这个价值以前，你什么都不是。”对于伊万卡来说，她正在一步步创造出属于自己的价值，这种价值不仅仅体现在自己的工作当中，还慢慢延伸和拓展到自己创造的事业当中。

4.视野越宽广，才能做得越多、越好

我喜欢自由轻松的生活。我关注大局，但有的时候过于沉醉于次要的细节，我总是需要提醒自己不要这样。

——伊万卡·特朗普

无论是处理内部事务，还是对外事务，伊万卡都是一个非常注重细节的人，她不像父亲那样时常不拘小节，也不会像他一样随心所欲，在多数时候，她会对工作的每一个步骤进行精心、合理的安排，会对每一项工作仔细进行分析，从而确保不出任何纰漏。正因如此，特朗普才非常放心地把事情交给伊万卡去做，因为他相信伊万卡一定可以将所有的事情做到丝毫不差，而且要比他要求的做得更好一些。

在公司内部，很多人都认为伊万卡就像一个细节处理者，她不会放过任何一个有可能出现错误的地方，不会轻易容忍一个错误的

出现，无论是平时提供的方案、日常的谈话，还是执行工作过程中的步骤，她都努力掌控到恰到好处，以至于很多人都觉得想要在她的工作和谈话中找到一点明显的破绽简直太难了。

这种注重细节的习惯和能力或许是她工作态度的一种体现，又或者是她童年生活中过于敏感的一种延续，无论如何也不希望自己出现什么重大的过失，不希望自己有什么漏洞被人发现。自然而然，在多年的经商生涯中，伊万卡从来都不会错过那些能够展示个性细节的机会，但这并不意味着她只关注细节，只懂得在细节上表现自己的能力。事实上，伊万卡的视野和思维非常宽广，她从来不会将目光聚焦在某一个点上，不会将视野局限在一个狭小的空间内，而是尽量想办法从全局进行思考，这样就可以让自己看得更远、更深，从而制订出更加宏伟的计划。

比如，在处理细节问题的同时，她从来不会远离父亲的立场，从来不会远离公司的大立场，她懂得如何从宏观上考量父亲的想法以及公司的战略思想，并作出最合理的决断，这种决断通常带有她独特的性格标签。而这种为了达到预期目的而进行宏观考量的细腻智慧，在很久以前其实就已经被培养起来了，就像童年时期父亲所教她的那样："伊万卡，如果你必须以某种方式进行思考，那么你就要从大处着眼。"

作为一个商人，特朗普并不太在意那些细节问题，这的确让他遭受了很多指责和非议，但作为一个资产高达百亿美元的超级富豪，特朗普的成功可不仅仅是依靠运气和那张粗鲁的大嘴，也不是依靠那些情绪化的决定，真正让他获得成功的是他独到的眼光和大局观，这让他能够从更高的格局看待自己的投资，并获得了常人无法企及的成就。

特朗普非常了解女儿，他一直认为伊万卡是一个非常细心的人，但是过于细心让她常常被局限在自己的生活圈中，常常被束缚在一些细节层面上。鉴于他对女儿有着非常高的期望，鉴于他一直都在想办法将女儿培养成一个大人物，自然而然希望女儿能够突破视野的束缚，能够站在更广阔的空间来看待自己所要做的事情。在特朗普看来，一个人如果想要做事情，那么就一定要将目光放得更加长远一些，在关注细节的同时，不要忘了从大局出发，制定更远大的目标，制定更高的规则与水准，要超脱自己目前的工作。

在父亲的教诲下，伊万卡受益良多，并且慢慢作出调整和改变，就像她在演讲中所说的那样："心有多大，舞台就有多大。在我们这个行业，只有建造出一栋大楼才敢说你是一个建筑商，而在我父亲这里，建造出擎天大厦才是一个合格的建筑商。大多数人花了一生的时间才能在一个行业取得成功。"

很显然，在进入商界之后，伊万卡更加强烈地意识到父亲的话有多么重要，也意识到自己想要在商界立足，就要拥有大梦想、大格局、大的目标，就不能将目光局限在一些小事情上，不能将目标锁定在一些低水平的短期目标上，而是要尽量看得更宽、更远一些。

这一点在她的工作中表现得越来越明显，如集团公司任命她去迪拜寻找合作伙伴的时候，伊万卡就对迪拜进行了详细的考察和调研，而在调研工作做完之后，伊万卡突然意识到迪拜是一个很有潜力的地方，尽管当时的迪拜还是一个位于沙漠中的小城市，相关的基础设施非常欠缺，但是伊万卡认准了这里的投资环境："直觉告诉我，将来它会是一个新世界。"如果父亲的集团公司能够在这里进行投资，那么将来可能会获得很高的投资回报。

想到这里，伊万卡非常激动，在完成工作之后，又特意到四周逛了逛，然后立即着手进行思考和规划，并提出了一个有关迪拜的开发计划。这个计划实际上一开始还只是一个草稿和雏形，伊万卡也来不及多想，她只是希望更早、更快地将这个计划告诉父亲，让父亲尽早在迪拜进行投资。

特朗普了解了女儿的计划后什么也没说，作为一个商人，一个精明的商人，他不太可能立即在一个陌生的环境中进行投资。伊万卡也意识到了这一点，所以她开始大量收集相关的资料和图片，并且制定了几套非常详细的投资规划，重要的是她了解父亲的为人，她知道父亲不会随随便便就为她一时冲动的想法"埋单"，除非这个项目真的值得投资，除非自己能够给出足够充分的投资理由。为了进一步说服父亲尽快抓住这个机会，她还特意演练了无数遍说服父亲的理由，她必须保证自己表现得天衣无缝才行，只有这样才能达到更好的说服效果，而事实也证明了她的努力并没有白费，特朗普很快采纳了她的建议，开始在迪拜进行了地产投资，并亲自负责迪拜特朗普双塔的建造。

后来也正和伊万卡预想的那样，迪拜之后迅速发展起来，从一个衰败的、落后的、贫穷的沙漠小城变成了世界上最繁华的城市。而特朗普的集团公司也因此得以在迪拜的发展中获得巨额利润，如今这些地产项目已经成了特朗普全球业务中重要的组成部分。

在其他方面也是一样，伊万卡一直都坚持更加开放的发展策略，一直都主张走国际化道路，因此她并没有将目光局限在美国本土，没有局限在那些发达的欧洲国家，而是站在全球经济发展的大潮中精准地把握投资趋势，并努力将这种视野和想法运用到投资、业务扩张当中去。

伊万卡喜欢旅游，并且乐于借助旅游来开拓自己的视野和思维："我认为接触不同的文化，去到不同的国家了解不同的事情的处理方式能让你体验到什么是最好的、什么是合适的做事方式。我认为，用开放的心态，来看待你的旅游经历是非常重要的，每一次的旅行我都能学到一些新的东西，看到它的不同之处，并最终从中获得灵感。我觉得就酒店行业来说，最重要的是联系性地去看待问题，要对每块我们在建的地产的所有地文化保持一个极高的灵敏度。同时，要确保我们的酒店能够满足人们对于这个地方所期望得到的奢华旅行的体验，因此就会有一个关于高品质的衡量标准。这个行业自有其衡量优秀的标准和期望，但是无论哪个酒店的筹建，都需要迎合当地的市场需求。"

在她最近几年的规划中，公司的发展需要向更多发展中国家靠拢，因为这些新兴的经济发展国家具备很大的市场潜力，也具备很多优惠的条件，对于集团公司来说，是一个非常好的选择。比如，当特朗普集团公司在印度和菲律宾投资的时候，伊万卡提醒父亲要多将注意力放在中国这个最大的新兴经济体上，而在媒体上，她也积极造势："房地产一直是我关注的焦点，特朗普集团公司也希望在中国开酒店。我去过中国很多次，在集团和电视节目里，我们有许多中国北京的雇员。"

伊万卡曾经在推特上表达出第一家伊万卡珠宝店在中国开业时的欣喜之情，在推特中晒出讨论特朗普酒店拓展中国市场的照片。对于中国这个古老神秘而又发展迅速的东方国家，她始终保持强烈的兴趣，事实上，她不仅研究过一些中国文化、到北京看过画展，还能够用中文说出动物园所有动物的名字。她还让自己的大女儿学习中文，品尝中国美食，更重要的是，从2010年起，她开始每年春节都给中国人拜年，这使她拉近了与中国市场的关系，为特朗普酒店的业务拓展奠定了良好的基础，也为自己在中国的进一步投资提供了强大的助力。

在投资这方面，她未必比父亲特朗普更具战略眼光，但是毫无疑问她比自己的父亲更加开放、更加懂得如何去把握国际化的趋势。伊万卡曾经说过："特朗普酒店的发展目标可谓全世界酒店行业中最雄心勃勃的，我们一直在发展壮大研发与销售部门，目的正是实现远大的目标。我们只选最好的地段开店，挑选最佳的合作伙伴，以保证酒店稳妥高效发展。我的终极目标是将特朗普酒店推向全球的每一个重要市场和门户城市。"这些都让伊万卡成为一个国际化标签更加明显的人，也正因如此，特朗普经常让女儿替自己出差，她不得不三天两头坐飞机前往世界各个国家和地区进行商务谈判。而很多人也慢慢觉得特朗普是一个准国际化的地产大亨，而伊万卡才是那个未来将特朗普酒店、房产生意扩张到全球各个角落的人。

这种个人形象让伊万卡变得更加与众不同，也更加受到他人的欢迎，重要的是特朗普也不得不经常征求女儿的意见，尤其是在一些有关国外投资的会议上，特朗普非常乐意听一听伊万卡的"高见"，他觉得女儿广阔的视野和全局性的思考会为公司提供更为广阔的发展道路，这也是公司走向全球的一个重要助力。

特朗普的一些合作伙伴曾经和伊万卡谈过有关投资和管理方面

的问题，并对伊万卡的非凡见识和能力赞不绝口，他们认为在40岁以下的女性企业家或者商界精英中，很少有人可以像伊万卡这样具备宽阔视野和成熟思想，伊万卡有时候看上去像一个有着30年投资经验的老手，她拥有自己的大格局，而这一点是多数人难以企及的。

事实的确如此，无论是在谈判还是管理当中，她都努力把自己放到一个更高的层次上来看待所有的事，都努力将所有与之相关的事情联系在一起来考虑。也正是因为这样，伊万卡开始想办法推行自己的私人商业计划，那就是进军时尚产业。对此，伊万卡这样说道："你不必让一间办公室困住自己。你可以选择你想要的方式来打开生活，只有天空才是你的极限。"很显然，她希望自己可以尝试更多的活法，希望自己可以在有限的时间里自由拓展更多的事业，而且在她看来，"时尚、酒店设计以及房地产之间的联系是十分紧密的，尽管我总是在同一时间内着手许多不同的项目，但它们常常扮演着互补的角色"。这种内在联系的挖掘正是伊万卡涉足时尚产业的一个重要原因，也正是从这个时候开始，伊万卡真正布局独属于自己的人生，设想着创立一番自己的事业，而这样的事业和父亲没有半点关系，和父亲的公司也没有半点关系，她所进入的是一个与集团业务完全不同的行业。

尽管这样的决定看上去有些仓促，毕竟她还在父亲的公司担任要职，还在想方设法帮助父亲拓展业务，但对于伊万卡来说，拓展自己私人的商业也是自己工作的一个重要组成部分，她希望用一个全新的想法和计划来重新定位自己的人生，而不仅仅是通过"特朗普女儿""集团公司副总裁"这样的身份来给自己的职业生涯增光添彩。

其实早在CNN采访伊万卡的时候，她就对自己的商业计划和人生规划做了这样一番总结：“我有远大的目标。我想我的目标不是太具体，而是更宽泛了。我想继续在世界各地发展特朗普集团，我们有酒店管理公司、特朗普酒店集团，我感到自豪，我们目前是增长最快的豪华酒店品牌。有许多非常令人兴奋的新店开张，这一年，在华盛顿市有老邮局大楼开业，那是宾夕法尼亚大道的标志性建筑，几年后，里约热内卢、温哥华和许多其他地方也有。所以我觉得在房地产业务和酒店业务方面，机遇巨大。我不想设定具体目标来限制自己，但增长的潜力巨大。我自己的事业还在起步阶段，真的才刚刚开始。我设计的许多类别的产品一直很受欢迎，我深感自豪，我期待设计其他类别产品的机会并在国际市场推广品牌，当然，我重要的优先事项是我的家庭成员在增加，我希望会继续增加。”

在这段话中，伊万卡充分向外界展示了自己的抱负和战略眼光，而这些正在推动她的人生向前发展，使她在特朗普集团公司以及自己的事业中变得越来越特殊、越来越举足轻重，也越来越成功。

5.不要放过任何一个出现的机会

在我18岁的时候，当时我会很直率地说出我想做什么，我是那么地自信而坚定，我要改变曼哈顿的轮廓线，我要在多少岁之前盖多少楼，你看，当时的计划是非常明确的，现在我觉得我对未来的态度更加自然、整体，我会跟着机遇走。

——伊万卡·特朗普

伊万卡出版了一本书——《特朗普牌：如何在工作和生活上获得双赢》，她在宣传这本书的时候，是这样进行介绍的："在我的书里，我尝试告诉读者们，我们都有一张可以获胜的王牌，但是这取决于找到对的契机聪明地出牌，这是我的理论，然后我剖析自己的实践，希望每个读者都能在我的书中获得一种感觉，那就是生活是一系列通往成功的道路、一篇关于抓住机遇创业的故事。"

在伊万卡看来，机遇是个人获得成功的重要保障，只有善于发现机遇并把握住机遇，才能在商业竞争中把握先机，才能获得更大的竞争优势。而伊万卡本人也是依靠对商机的敏锐把握才一步步脱离特朗普房地产公司的影响，慢慢建立起自己的商业形象和品牌形象的。

那么这个机遇是什么呢？实际上就是创立自己的品牌。伊万卡并不满足于自己在家族企业中获得的成绩，毕竟家族光环始终笼罩在头顶，她不想被人说“一旦离开特朗普集团公司，你将一无是处”，所以她必须寻找更多属于自己的发展机会：“我总是在寻求创业的机会，创办自己的时尚品牌，这是我唯一可以跳出家族盛名、证明自己的重要途径。”伊万卡心里比谁都要更加清楚，在房地产业，她几乎不太可能超过父亲的成就，而且整个公司都是父亲的，自己缺乏足够的能力和魄力将其打造成另外一个完全找不到父亲影子的公司，但在时尚界就不一样了，伊万卡有能力做自己，而且她有信心做得非常好。

尽管伊万卡一开始根本没有想过这一点，她并没有想过自己创业，可是通过对商业的接触，通过对商业环境的观察，她很快嗅到了商机。那就是珠宝生意，尽管这是一个存在了几千年的生意，即便是在美国，也早就出现了珠宝方面的商业贸易。那么伊万卡为什么说珠宝生意会是她开拓自身商业格局的一个切入点，会成为她打造个人品牌和商业帝国的一个基础，她会获得成功吗？

对于这些质疑，伊万卡并没有在意，因为她知道自己正在做的事有可能会是一个全新的商业领域，会形成一个前所未有的新商机。由于出生在富贵人家，伊万卡对于珠宝首饰的认识和接触显然比其他人更多一些，加上她在担任模特期间，自己也会购买一些珠宝佩戴，而在接触这个行业之后，她发现了一个非常奇怪的现象，那就是大部分购买珠宝的人都是男士而非女士，或者说这些男士可能是真正为珠宝埋单的人，即便他们最终也要将这些珠宝送给妻子、女儿、母亲或者情人。

这样的现象直接导致了一个带有歧视的社会现象，即珠宝商通常只愿意和男士说话，他们只愿意说服那些男人开出支票购买那些珠宝，这种有针对性的营销行为实际上是对女性的一种忽视。伊万卡认为新一代的女性同样拥有属于自己的购买力，她们有能力支付那些不菲的价钱，而不是让丈夫或者男朋友代劳。她们有能力利用自己的工资和奖金在任何时候购买称心如意的珠宝，而不是在每一年等着结婚周年纪念日或者生日才从男士手中得到珠宝。

针对这样的情况，伊万卡一方面替那些女性感到不公平，但是更多的时候她并没有想过充当女权主义卫道士的角色，而是想到了一个改善和解决问题的办法，那就是想方设法创办一家珠宝公司，而珠宝公司的产品不仅专门针对女性，而且还提供更优质的服务。重要的是珠宝设计的理念全部都是针对女性的，而不是按照男人的想法来设计，不是为了迎合男顾客“我觉得什么样款式的珠宝适合送给妻子”，在伊万卡看来，公司推出的珠宝就要让女士自己亲自挑选，就要符合女性的审美观念。

伊万卡说过：“颠覆传统是我在珠宝设计中的中心概念，将现代气息和传统经典融合在一起，高雅是基本的理念。珠宝可以捕捉到优秀的工艺传统和不拘的优雅。我一直都希望为时尚、成熟、独立的女性设计珠宝，我希望看到女性们可以独立选择并且购买她们中意的饰品，而不需要得到另一半的许可。我的客户群覆盖各种年龄层，她们都是敢于说出自己所需并且勇于用珠宝展示个性的女性。”

很显然，在迎合女性自主选择权的同时，保持流行的风格也是伊万卡所提倡的，伊万卡·特朗普设计公司的开发部总监莫莉说：“这样的珠宝很昂贵，但其实我们不把它定位成奢侈品，而是流行品。它与时装潮流相呼应，不是用来压箱珍藏的，而是随意佩戴，伊万卡喜欢这样的珠宝。”

当珠宝公司成立并营业之后，获得了巨大的成功，很多女性都认为自己在伊万卡的珠宝店里享受到了最好的服务，获得了更多的尊重，重要的是她们不再束缚在男性的消费观念和审美观念中。伊万卡·特朗普高级珠宝系列不仅获得了充满智慧与自信的都市女性的青睐，同时也激发了新生代对优雅的无限幻想，品牌价值随之飞速提升。2010年3月，公司开始进行全球性的业务拓展，与超过60家独家零售商进行合作，而这些零售商几乎遍布美国、亚洲以及中东地区。在成功进驻美国尼曼·马库斯百货、英国哈维·尼克斯百货以及其他全球顶级的高端百货商店后，公司又在北京芳草地购物中心开幕。2011年，她的高级珠宝被权威机构“联合商标”评为年度全球十大最高级别珠宝首饰、手表和钻石品牌之一。

很显然，一个聪明人总是会敏锐地感知到自己的周边发生了什么，他们乐于观察周边的环境，而且总是保持专注度，这样就确保了他们总是能够在第一时间了解那些潜在的商业前景。在推出珠宝之后，伊万卡又联想到了其他女性产品，于是将业务拓展到了鞋子、手提包和衣服上。涉足领域之广，让人感到不可思议，她自己也承认了这一点："我不能让自己错过每一个机会，所以很少睡觉，这样才能把很多事情做完。"

就在这个时候，伊万卡再次发现了商机，很显然在最初创建个人品牌的时候，伊万卡的目标客户定位为百万富翁，因此产品的定价比较高。但是经过一段时间，她发现多数女性并不能支付那么高的开支，这和她们的工作报酬以及在家庭中所扮演的角色息息相关，因此并没有太多人能够像自己一样购买那些价格不菲的奢侈品。

当然女性都是爱美的，她们为了追求美的享受，为了追求品质，往往会不惜一掷千金，而这种大额消费往往会对消费者的持续消费能力造成损害，那么有没有一种办法可以兼顾价钱和品位呢？伊万卡想到了一个主意，那就是设计和出售一些中档产品，这些中档产品无论是外形上还是质量上都和高档产品没有太大的区别，而在价格上则相对亲民一些，不会给女性造成太大的经济负担。

在这样的思路下，她开始要求团队重点打造那些中档产品，并要求团队一定要确保外形设计得时尚和新颖，确保质量能够深入人心。可以说正是因为伊万卡看到了廉价品牌的实惠和高档品牌的魅力，于是将它们综合起来，形成了兼顾高低品牌优势的品牌。这种组合很快奏效，由于伊万卡品牌的产品价格并不高，但是产品的质量、样式、设计全部都达到了顶级水准，因此极大地满足了爱美女性的需求。

这个品牌有一个重要的元素，那就是迎合了女性消费者的个性，对此伊万卡解释道："品牌设计风格其实正代表了我的个人风格。作为一位妻子、母亲、创业者以及职业女性，每天早晨当我打开衣橱挑选当天的着装时，我会考虑它们是否符合我的这些身份，并且让我感到时髦和精致。”

伊万卡很快就创立了自己的品牌Ivanka Trump Footwear，产品包括成衣、珠宝、女鞋、香水，虽然自己脚踩天价鞋，但Ivanka Trump Footwear的品牌定位却是一般人也付得起的中等价位。

比如，相比其他奢侈品牌，伊万卡将自己的品牌定价尽可能被大多数中产阶级所接受，鞋子的价格大都为40~70美元，即便是一双稍微高档点的伊万卡高跟鞋，价格也不过为80~140美元，和那些动辄几百美元、几千美元的奢侈品相比，这样的价位还是比较实惠且具有诱惑力的。

正因为伊万卡懂得把握商机，她的个人品牌越做越大，名声也越来越响。在这个时候，“伊万卡”不仅仅是那个需要依靠特朗普姓氏来点缀的名字，而且是一个充满个性色彩和创造性的名字。2014年，她被评为美国40个最具影响力的企业家之一，世界经济论坛也曾授予她“全球青年领袖”的称号，这也都是对她在商业领域获得巨大成就的肯定。当然，更加重要的是伊万卡通过对商机的把握，慢慢成了更加独立的女强人，这个时候，她已经开始着手拓展属于自己的商业版图了。在接受媒体采访时，她丝毫不掩饰自己的商业野心：“我想把生意扩展到中国。”正像她所说的那样：“亚洲的文化让我着迷，这里的语言、美食、建筑与当地人的性情都非常独特。这里是一个非常美妙的地方，难怪人们都争先恐后地来这里旅游或工作。毋庸置疑，中国是全球酒店业的风尚发源地之一，这里的豪华酒店在全球名列前茅。一直以来，它们极佳的表现和卓越的服务都是行业竞争者学习的榜样，特朗普酒店也深受影响。”

那么她能够把握住机会吗？很显然这并不是什么难事，在2017

年接受中国媒体的采访时，伊万卡就说：“中国及亚太地区蓬勃发展的酒店业让这一地区成为特朗普酒店海外扩张的首要目标，而伊万卡·特朗普奢侈品系列简直就是专为这里的高端时尚人士所设计的。去年秋天，我在北京的高级珠宝精品店开业了。希望不久的将来特朗普在亚太地区有更好的发展。”正如她哥哥所说：“她特别会抓商机，她自己就是商机。”

虽然伊万卡是一个善于把握商机的人，但是她从来不会盲目出手，如她曾对那些试图把握市场机会的人，尤其是进入新兴市场寻求机会的年轻创业者提出了忠告：“我认为目前的市场存在大量机会，但这些机会很难获得，因为更多的人正在相互竞争的是不良资产。在2006年，银行极力想贷款给你。现在，银行收紧了它们的钱袋，你必须在每笔交易中做更多的工作，才能确保成功获得银行融资。人们应该在融资市场低谷期而不是高峰期进行交易，而目前正是进行交易之际。对于那些一直以来较为保守，未曾冒多少风险，而现在有能力强力获取目标的公司来说，这提供了一个很好的机会。”很显然，作为一个精明的女商人，伊万卡懂得在什么时候出手，又懂得在什么时候保持沉着和冷静，对她而言，寻求最佳的出手时机，这才是确保把握发展机会的一个重要保障。

6.任何时候，都要善于利用自己的优势

没错，我是天生幸运，含着金汤匙出生，特朗普这个姓赋予我一些与生俱来的财富和权势。这意味着我有更多的机会、更多的优势。没错，我选择在我的祖父与父亲的家族伟业上建立自己的事业。

——伊万卡·特朗普

作为一个家族企业的继承人，作为一个出生于富贵家庭的千金小姐，伊万卡从小就获得了得天独厚的优势，很多人都羡慕她拥有一个好的姓氏，拥有一个好的父亲，人们经常会说："伊万卡哪怕这辈子什么也不做，也已经比绝大多数人要过得更好了，也已经达到了多数人终其一生都达不到的人生高度。"

对于自己手中的优势，伊万卡心知肚明，一方面她谨遵父母的教诲，努力保持独立自主的态度，而不是心安理得地享用父母的财

产；另一方面她在奋斗之余也不忘借助自己的优势和资源，对她而言，任何有助于自我发展的优势，都可以适当进行利用。可以说她是一个懂得在自己优势基础上努力奋斗的人，而不是执拗地抗拒着一切，尽管她从不肆意挥霍自己的优势，但也不会置若罔闻，她从来不否认自己所拥有的一切。对于自己的身份，她很坦然，并没有背负太多太大的压力，当她的同伴都身处巨大的财富阴影之中，焦虑无处安放的时候，伊万卡说："我觉得有这种阴影也不错。"

尽管伊万卡是一个非常独立、非常努力的人，尽管她一直都努力想要摆脱父亲的影子，想要依靠自己的力量获得成功，但外界一直在质疑她如果没有一个有钱的父亲，将会难以获得现在所拥有的成就，对此她并没有过多辩解，并且坦承自己的成功有70%是依靠自身的努力，但是还有30%则和家族、姓氏有关，毕竟出生在这样一个富裕家庭，往往就拥有比平常人更好的条件与更多的优质资源，如果不懂得合理利用，这本身就是对资源的浪费和对自己的不负责任。正因如此，从小到大，她一面努力追求独立自主，但是一面又懂得合理地借助自己拥有的一些优势来达到自己的目的。

母亲伊凡娜说过："伊万卡是一个非常聪明的孩子，她总是懂得该如何把事情做到最好。"在伊凡娜看来，伊万卡从小就是一个鬼点子很多的人，而且知道如何去借助自己的影响力来获得自己想要的东西。2009年，伊万卡在自己出版的创业励志书中是这么写的："不要怕白手起家。比如，我小时候跟弟弟去卖柠檬冰水，家里所在的康州避暑宅子所处的地段太偏僻了，没有顾客光临。怎么办？我们急中生智，把柠檬冰水卖给家里的保镖、园丁和女佣。

他们都很配合，使劲儿从零钱袋子里掏啊掏啊。所以，创业从小做起，有困难你别怕。”

在这里，伊万卡所说的更像是一个玩笑，更像是孩子在游戏中自以为是的灵机一动，尽管有些刁难他人的成分，但是对伊万卡来说，显然已经意识到了自己在保镖、园丁和女佣中的地位，意识到这个姓氏给自己带来的种种便利，所以她也懂得利用这些优势来为自己的“创业经历”画上一个圆满的句号。

还有一次家中姐弟几个手工做了几个箭头，紧接着把它们埋进土里，并特意邀请父母朋友家的孩子上门来玩。等到小伙伴们一起挖出箭头，并告诉他们这可能是印第安原住民的箭头，最后伊万卡成功地将这些出土的假箭头以五美元一个的价格卖给了他们。在这个故事中，伊万卡的精明已经初具雏形，而她所利用的优势就是朋友们愿意相信她。如果将这些箭头卖给别人，会不会成功呢？

很难将这些小小的恶作剧同商业智慧或者商业天赋联系起来，但同时也可以看出她比同龄人更加成熟的一点，那就是永远知道自己拥有什么优势，她知道自己在哪一方面具备更大的主动性。对于个体优势的自我认知和把握，让伊万卡在商业领域更加敏感，她也渐渐懂得如何借助自身优势来打造出独特的个人形象，懂得如何借助这些优势来展示一个更加完美的自己。

有关这一点，她在日后的工作中将其表现得更加淋漓尽致。比如，在最初工作的时候，伊万卡在客户心中更多的时候都是以特朗普女儿的身份出现，都是以“一个年轻人”的身份出现，客户们会认为她只是一个急于接班家族企业的小女孩而已。

2013年，伊万卡在接受《阿贝赛报》的采访时，非常自豪地认为自己之所以大受别人的欢迎，之所以能够在交易谈判中获得成功，主要原因就在于自己长得足够漂亮，而且容易被人当成一个可有可无的花瓶。这句话就是一种对自身优势的精准定位，对此，她这样解释道：“我发现很多人在和我谈判之前的准备明显不如和我父亲谈判前充分，他们都会低估我，这对我来说是个利好。”

伊万卡对此解释说：“当有人低估我时，我从来不会介意。我总是拿这个和我爸爸开玩笑。如果有人要与唐纳德·特朗普见面的话，他们总会郑重其事地‘全副武装’，并做好充分准备，而如果要与我见面的话，他们就不太可能有所准备了。对我来说，这是一个优势。比你的谈判对手更了解情况是加分项。”

很明显，伊万卡故意借助自己年轻漂亮的优势，让客户误以为她是一个生活阅历很浅、工作经验不足的黄毛丫头，让客户误以为她只是一个替特朗普传递信息的人，他们甚至都觉得伊万卡只是一个成天只懂得逛街购物、装扮自己却连最基本的谈判都不会的千金小姐。而当所有人都被迷惑之后，伊万卡能够巧妙地施展自己的商业谈判技巧，为父亲的集团公司赢得最大的利益。

有个客户在和伊万卡做完几次生意之后，忍不住大加赞赏：“她是一个容易让人忽视的人，一旦我们被她的外表所迷惑，那么就会发现自己正在失去主动权。”事实就是如此，伊万卡是一个出色的伪装者，她懂得如何利用自己的外表和年龄来迷惑他人，这些原本都是谈判厂商的劣势，但是经过伪装，伊万卡将其转化成了最大的优势和利器。

除了谈判之中善用优势之外，最明显的就是伊万卡利用自己的姓氏和名字创立了品牌，作为一个公众人物，作为一个名媛，作为特朗普家的千金，伊万卡名声在外，而用自己的名字来为品牌命名，显然会快速增加品牌的知名度。著名品牌咨询公司Beanstalk董事长迈克尔·斯通对此作出了评论：“她充分利用了一个代表财富、奢侈和高品质生活的名字。”不仅如此，伊万卡主动和很多公司进行合作，积极推出不同类型的产品，而这些产品几乎都由她个人亲自代言。

毕竟伊万卡出生在一个巨富家庭，仅仅依靠特朗普这个姓氏，她的言行就可以获得很大的关注。此外，伊万卡曾经担任过模特，影响力并不亚于那些明星，并且在拍摄广告方面也颇有心得。鉴于这两点，伊万卡认为自己代言品牌，不仅可以节省下一大笔代言费，而且还可以凭借超高的号召力来带动消费。而事实也证明了这一点，当伊万卡亲自上阵代言产品之后，产品销量也是一路走高，获得了越来越多年轻人的青睐。

而就在事业蒸蒸日上的时候，她认识了自己的丈夫杰瑞德，两个人于2009年10月25日，在众人的祝福下走进了婚姻的殿堂。当时，婚礼在新泽西贝德明斯特（Bedminster）的特朗普国际高尔夫俱乐部（Trump National Golf Club）举行，有很多社会名流（包括富豪、明星、艺术家）前来参加婚礼，因此引起了很大的轰动，各地媒体都前来争相报道。

对于名人婚礼来说，这些原本都比较正常，但是伊万卡却从婚礼中找到了一个营销的好点子。在婚礼开始之前，伊万卡想到了一点，既然这一次的婚礼吸引了社会人士和媒体的关注，那么为何不借助这一次的婚礼来免费宣传自己公司的产品呢？想到这儿，伊万卡提出了两个重要的想法：第一个就是在身上佩戴价值26.5 万美元的伊万卡·特朗普高级珠宝系列产品（铂金钻石手工头饰4.5万美元，9.67克拉钻石耳环13万美元，26克拉钻石铂金手镯9万美元），而不是选择其他公司的珠宝或者是佩戴一些奢侈品，这样就可以确保自家产品被更多的来宾看见，就可以确保自己的珠宝借助婚礼这样的舞台闪耀全场。她觉得当天所有的来宾都会关注自己身上的那些珠宝，这无疑是帮助自己在富人和明星圈子里拓展品牌影响力的关键。

当然，伊万卡的设想并不仅仅在这一个方面，她渴望自己的产品和品牌被更多的人所熟知，并赢得更多人的关注和青睐，因此第二个想法就是伊万卡决定使用年轻人最喜欢的自媒体传播的方式——在推特上全程直播婚礼。实际上对于一个名人来说，他们通常都愿意保护自己的隐私，都愿意让自己的婚礼在严密的安保条件下进行，更何况伊万卡向来就是一个非常低调的人。但是为了让自己的珠宝获得更好的宣传效果，她情愿借助这样的社交平台进行全程直播。

事实上，早在婚礼走红毯的前几个小时，伊万卡就在推特上开始向全世界发布结婚的消息，她在推特上说出了这样几句话："（我们）刚刚散步回来，明媚的阳光、美丽的落叶……所有的一切都很完美，我今天要结婚啦。"

利用互联网来直播婚礼，不得不说这是一个极富商业头脑的决定，而结果也证明了伊万卡的确是一个非常好的营销大师，这一次她成功地借助自己的婚礼将产品播放给了整个纽约乃至所有美国人看，而这些直播视频很快在网络上疯传，很多人都转发了她身上的那些珠宝，而借助互联网的营销优势，伊万卡的品牌知名度迅速飙升，成为年度热词。

由于借助自身的优势，伊万卡在创业道路上一直都顺风顺水，而这些个人优势由于具备鲜明的伊万卡特色，因此也让她的个人形象更加鲜明，让她的成功变得更具个性化的魅力。

7.重新塑造，提升自我

企业家必须不断重塑自己。

——伊万卡·特朗普

对于伊万卡来说，帮助父亲打理生意并不是终极目标，相比之下，她反而更期待自己在商业领域的事业，在她看来，这才是证明自己的最好方法。当然想要让自己成为一个独一无二的企业家，想要打响自己的品牌，仅仅依靠努力是不够的。事实上，伊万卡一直都在关注女性企业家的话题，她觉得女性企业家想要获得成功，往往需要面对更大的压力和更多的现实困扰，为了解决这些问题，为了适应现实环境，女性企业家必须想办法重新塑造自己，并寻求个人成长的新方式。

这种塑造首先体现在对职业的选择上，很多人都提到了女性企业家在商业环境中缺乏太大的竞争力，伊万卡认为这是一个存在的事实，显然她并没有一味指责社会上的性别歧视，没有将其归结为不公平的社会制度："对于性别差异，我尽量不去想太多。在美国，我们都尽力摆脱性别差异，尽管这种差异在国外比较明显。"真正的问题还在于女性的职业选择比较狭隘，在很多时候女性给自己的角色以及职业做了定性和定型，她们总是觉得自己该做这件事，不该做那件事，或者说"我只适合做这些事"，这种定位看上去是合理的，但往往束缚了女性的创造力以及在其他更重要职业和行业中潜藏的巨大价值。

事实上，在伊万卡最初作出进入房地产行业的决策时，很多人表示不理解，难道她仅仅是为了接父亲的班？或者仅仅是为了圆梦？为什么帕里斯·希尔顿（希尔顿酒店的继承人）没有进入酒店行业呢？为什么有些大银行家的女儿不是待在银行里，而是选择去做设计？或者她应该听从别人的劝告不染指房地产，毕竟她有一个哥哥，还有两个弟弟，这些家族内部的男性成员足以接班父亲的生意。退一万步来说，伊万卡享有的继承权也足够让她下半辈子衣食无忧，她可以找一份更加贴近女性需求的工作来做。很显然，在多数人看来，一个女人能够做的无非是一些轻松的工作，她们可能会进入服装行业、化妆品行业，做一些文秘工作，或者像伊万卡之前一样当个模特或者演员什么的，有谁会直接想到做房地产或者金融呢？

但伊万卡从来没有认真去想过其他路子，她更加喜欢的是房地产，就像她喜欢开挖掘机一样，她从来都不觉得这样的理想有多么怪异，从来没有想过一个女孩子和房地产或者金融捆绑在一起有什么不妥。难道说这些工作都太难了，完全不适合女性来做吗？伊万卡并不想被传统的观念束缚住，哪怕她在模特行业中挣了很多钱，哪怕她在模特圈前途一片光明，但她还是希望可以塑造出一个更加完整、更加真实的自己，就像她自己所说的那样，她具有男人的野心，因此要做的就是将这种野心释放出来。

伊万卡一直都在强调一点："与销售及市场推广相比，从事房地产开发和金融投资的女性往往很少。"对此，她有点失望和无奈，尽管她无权要求所有女人都像她一样那么强势，但在她看来，女性想要获得更多的竞争力，就应该抱有更大的信心和野心，要开拓自己的视野，要有更大的冒险精神，要想办法进入一些更加高档、更加高端也更为复杂的行业中去拼搏。她们必须意识到这些工作不仅仅是男人做的，也不仅仅男人才会做，只要女人想要去做，只要女人有勇气去做，只要女人努力去做，那么一样可以在那些更加复杂和高端的行业中获得成功。

向来不服输的伊万卡一直都在努力突破自己，希望塑造一个职场女强人的形象，而不是一个兢兢业业的工作者，不是一个每天做一些无关紧要的小事的职员。她必须让自己变得更具竞争性，必须让别人意识到自己也是"巾帼不让须眉"。当她没有选择其他行业，而是坚决进入房地产行业时，就意味着其对人生的一次跨越。事实证明伊万卡的选择是正确的，在经历一段时间的磨合之后，她很快适应了房地产的工作，并且表现得非常好。她的朋友们认为这是伊万卡重新获得关注的一个契机，她不再因为自己的模特身份或者特朗普女儿的身份被关注，她现在表现出了足够的能力来担任一家公司的副总裁。不过对于伊万卡来说，这些还远远不够，所以她再次想要挑战自己的能力，并成立了自己的公司，创建了自己的品牌，这一切还是在经济不景气，且女性企业家被普遍看衰的情况下进行的，只不过伊万卡知道帮助别人管理公司和自己创立公司是两码事，她必须在各个方面强化自己。

正如她在回答网友这类提问时所说的那样："如今企业家所面临的挑战比过去要多，在经济低迷时期要实现增长与繁荣总是更为困难。重要的是要养成不断提升个人的习惯，培养并完善领导能力、管理技能、创业本能，并调整自我以适应时代。在像我们这样的企业中，涉及了奢侈品的诸多不同方面，并将娱乐元素融入其中，保持与时代相关及领先者的地位十分重要。"

在这段话中，伊万卡指出了一个重要的问题，那就是所谓的能力问题，而能力问题向来是性别歧视的开始。在一贯的认识中，大家都会觉得女性的工作能力比男性要差一点，因此在报酬和薪水方面也会相应降低一些。尽管这个认知并不完全合理，但事实上多数女性企业家的确需要不断进行自我提升，这种自我提升的需求不在于她们比男性企业家更差，而在于她们必须要比男性企业家付出更多的努力才能获得认可和取得成功。

这也许是一种暂时无法抹去的歧视，但从另一个角度来说女性企业家也应该有这种自我要求，尤其是当她们专注在自己的事业和品牌上时，她们需要想办法塑造一个更强大的形象。比如，伊万卡就需要不断提醒自己"是整个团队的负责人，是一个品牌的管理者"，这种自我认知有助于她快速地从特朗普集团公司剥离出来，有助于她塑造出一个更加完整的企业家的形象，这也是伊万卡多年来一直督促和激励自己不断进步的原因。

实际上自从成立自己的公司以来，伊万卡从未放弃过学习，她虚心地向父亲求教，以便学习到经营、管理一家公司的方法，学习到如何带领一家企业走向成功的方法。她还经常参加朋友聚会，听取那些商界朋友的意见。更重要的是，她开始从每一项管理工作中吸取经验，寻找破绽，并且努力去改正自己所犯下的错误。

按照以往的模式，她将无法获得成功，她必须以一种全新的形式去解决问题。伊万卡自己也承认，当一个人拥有自己的公司时，她所面对的压力会更大，面临的问题也会更加复杂，很多时候她必须具备统领全局的能力才行，必须让自己的思维和能力提升到一个更高的水平层次上。

在工作当中，她并不想被人认为自己具有“一个女性企业家惯性的恐惧和失控”的状态，她必须确保自己能够驾驭一家公司。当然，伊万卡所面临的一个重大问题是时间，因为必须兼顾两家公司，而且确保两家公司不会出现利益上的冲突，因此如何合理地安排和调度时间，如何提升时间的利用率就成了必须解决的大问题，而这就是效率问题。

毕竟在过去很长的一段时间内，很多领导者和管理者更加注重时间管理，更加看重自己和员工究竟工作了多长时间，并以此来衡量工作的绩效。但是在很多时候却发现工作时间并不完全和业绩成正比，在某些时候，工作时间越长，消耗的成本越大，而结果反而越不尽如人意。伊万卡认为一些领导者过于看重工作时长，这严重损害了企业的利益，也极大地束缚了自己的成长。

所以伊万卡一直都这样告诫自己：“努力工作并不在于你工作时间有多长，而在于你能在有限的时间里做出最大的成绩。”她认为自己想要获得提升，想要将工作做得更好，想要完成所有分内的事情，就需要注重效率的提升。她希望自己成为一个高效率的企业家，而不是那些成天忙碌却没有多少效益的企业家。所以她在提升自己的管理能力、应变能力、策划能力、决断能力、社交能力的同时，更加注重团队内部的合作分工，更加注重团队沟通，也更加注重与客户的合作。她不会放过那些让团队和自己得到成长的机会，不会放弃那些自我武装的技巧。

在伊万卡创立自己的品牌之后，人们发现了她身上所发生的那些细微的变化，她的话语变得更加自信，思维变得更加高端，在工作中变得更加从容。特朗普认为女儿已经从一个出色的管理者变成了一个出色的企业家。兄弟们也认为伊万卡看上去更加成熟、更加智慧，就像一个实现了蜕变的女人，她的每一次出场都似乎给人这样一种强烈的感受："这是伊万卡，而不是某个富豪的女儿。"

集团公司的同事们也认为伊万卡现在看上去变得更加主动，在特朗普的工作中扮演的角色越来越重要，这样的人可不像是一个依靠父亲的保护来生存的人。而伊万卡品牌公司的员工也认为她具有领导者的魅力，并且认为她总能够在第一时间解决问题。一家媒体的记者在采访伊万卡后，作出了这样的评价："现在的她是一个真正的企业家。"

第五章

家庭才是人生最重要的支撑

我很幸运拥有一份我热爱的工作，当我下班回家我的家庭成为我的中心，现在我们又多了一个宝贝，这一切都是上天的恩赐，我和杰瑞德既感恩又激动。

1.感恩生活与身边的每一个人

我很幸运拥有一份我热爱的工作，当我下班回家我的家庭成为我的中心，现在我们又多了一个宝贝，这一切都是上天的恩赐，我和杰瑞德既感恩又激动。

——伊万卡·特朗普

曾经有人问伊万卡该如何看待现在自己所获得和经历的一切，伊万卡想也没想就脱口而出：“感激，我很感激自己生活中正在经历的一切。”很多人也许会认为这不过是一个成功者的作秀而已，但对于伊万卡来说，她是发自内心地感谢自己身边的家人，感恩生活所赋予的一个快乐家庭。

实际上在伊万卡的童年生活中，有很长一段时间都处于压抑状态，父亲对她一直非常严格，她也没有办法像其他孩子一样快乐地玩耍，安然地享受富裕家庭所能给予的一切便利。此外，由于父母感情生活上的分歧和矛盾，导致整个家庭经常鸡犬不宁，甚至惊动了媒体。对于孩子来说，这样的童年生活很可能会留下一些阴影，但是伊万卡却很好地度过了童年，并且健康成长起来。

尤其是当父母离婚后，虽然伊万卡显得非常失望和伤心，但是仍旧喜欢和父亲待在一起，尽管经历着一个破碎的家庭生活，但是她对于父亲心怀感激。那个时候，9岁的伊万卡坚持每天上学前去看爸爸，放学后就到他的办公室待一会儿，她害怕孤独，同时也担心父亲一旦看不见自己会觉得很难过。也正因如此，伊万卡小小年纪就迷上了高尔夫，因为特朗普是一位高尔夫球迷，只要一有空就会在球场上挥杆，而伊万卡此时会跟着他去球场，以便能够和父亲多待一会儿。

这个习惯坚持了很多年，尽管很多人都觉得伊万卡有必要恨自己的父亲，有必要去疏远他，但是在伊万卡看来这根本说不通，因为她不能因为父亲不爱母亲了，不能因为父亲娶了继母，不能因为父亲将孩子们关在了寄宿学校就心怀怨恨。她知道无论家庭变成了什么样子，无论父亲最后跟谁生活在一起，他依然喜欢这个大女儿，他对自己依然全身心地付出他的父爱，这种爱没有任何打折的迹象，所以她根本没有必要去讨厌自己的父亲。尤其是长大之后，她更加理解了成人世界的生活，对于父亲当初离婚的事情也就看得更开了，至于当初家里让她自立的事，她也明白了父亲的良苦用心。

在某次接受电台采访，主持人问伊万卡对父亲特朗普的看法时，伊万卡非常动情地说道："从他女儿的视角来说，他是位了不起的父亲，作为他的下属，他给了我各种走向成功的机会，他一直爱我、支持我，他严格要求我，他纠正我，他管束我。我觉得现在我自己当家长，我比任何时候都更能体会到家长难当，在我十五六岁时，我没觉得他好，他对我们这些孩子很严格，可当我做了妈妈后，我才知道，养育孩子是多么艰难，需要激情和精力，需要很高的道德感，他对我们就是这样的。而他作为一个父亲，然后作为高管，我见识到，他是非常优秀的领导，我见识过很多伟大的谈判专家，而他是我见过的最难对付的谈判对手。他也非常鼓励人，激励人们达到最高水平，他为所有人设置了很高的目标，包括他的下属和生意伙伴，实际上他帮助他们为自己提高标准，对目标的高标准。”

伊万卡在多个场合表达了对父亲的感激之情，对于伊万卡来说，父亲是一个非常负责任的人，从小就关心每一个孩子，还尽量为孩子创造最好的条件，尽管他总是严格地对待孩子，总是坚持让所有的孩子独立自主，但这样的父爱恰恰是最无私的，也是最打动人心的，他是真正将孩子的成长以及未来放在心上的。也正是因为父亲的教诲和栽培，她和兄弟们才能够成长为独当一面的人，才不至于像其他富二代、富三代那样在花花世界里虚度光阴。

实际上，在伊万卡的谈话和演讲中，我们经常都会听到这样的字眼——“我的父亲”，在她的话语中，父亲出现的次数有时候比自己还要多，有人认为伊万卡不过是特朗普的影子罢了，或者说她只想拍一拍父亲的马屁。但对于伊万卡来说，父亲往往意味着一切，不仅仅是因为他给予了她很多东西，教会了她很多东西，如果没有父亲的存在，伊万卡可能也就不会成为现在这个样子了。

至少在提到父亲的时候，满满都是好的回忆。有人曾经问她：“你的父亲是怎样的一个人，当你还是一个小女孩的时候？”

伊万卡说父亲虽然比较严格，但是对自己非常暖心，“他并不是个传统的人，甚至有些破格，但他是一个很棒的父亲，他总是会在我需要的时候出现，无论在任何时候、任何场地，只要我给他打电话，他总会在那儿，总会出现，并立即联系到我，他还会把我介绍给在场的任何人，无论对方是州长或是某个重要的银行家，然后告诉他们我很美丽，这点非常贴心，他还向他们介绍我在学校表现优异”。

因此，她总是心怀感激地面对父亲，总是想办法维护父亲的名声，总是义无反顾地帮助父亲解决问题，对于父亲，她有的只是感恩：“他是我的父亲，我爱他也会全力支持他。只要他需要，我永远都会在他身后。”

有一件事最能够体现出她的良苦用心，那就是在自己创立品牌的时候，她为了尽可能地追求独立，为了表明自己是完全依靠自身力量而非特朗普家族和父亲的帮助获得成功的，于是坚决要求设计师不要在品牌名字中出现“特朗普”之类的字样，她希望创立一个完全属于自己的风格且能够保持独立意识的品牌。可是在最终实施的时候，她却放弃了这个打算：“我是特朗普家族的孩子，是他的女儿，我不能轻易背叛这层关系，哪怕是我自己的事业，我也要留下这个家族的印记。”为了感恩这个家族对自己付出的一切，为了感恩父亲给予自己的一切帮助，伊万卡最终还是选择了用伊万卡的名字和特朗普的姓氏命名，以此来体现自己对于家族的忠诚以及感激之情。

除了父亲，伊万卡对于母亲伊凡娜也是一样，她总是记着小时候的点点滴滴，记着母亲带她出席各种社交活动，记得母亲为她进行装扮的样子，也记得小时候母亲带着她一起去捷克的外婆家度假，在那里，伊万卡喜欢上了捷克动画片。伊万卡常常被人认为具备特朗普那样的雄心壮志和商业天赋，但是在性格上其实也留下了母亲伊凡娜的影子，两个人在时尚、生活以及独立性方面都非常相似。伊万卡非常感谢母亲对自己的培养和照顾，尽管一开始她不能理解为什么离婚后母亲和父亲一样又先后结婚、离婚数次，但是现在她更加包容地看待这一切，因为她知道母亲有权利去选择自己的生活，有权利去过自己最想要的生活。

现如今，父亲和母亲都拥有自己的婚姻，都开始了新的事业，伊万卡为他们感到高兴，并且总是想尽办法帮助他们，她觉得这是作为子女应该尽到的责任。而对于自己的生活，她更是感到非常满意，现在自己也为人妻为人母了，她拥有一个帅气多金且疼爱和包容自己的丈夫，有三个乖巧漂亮的孩子，还有做得风生水起的事业，可以说，相比于这个世界上的绝大多数人来说，她无疑要更加幸运。当她怀孕的时候，她曾经这样感慨道："现在是个好时期，激动人心的时期。在我的人生中也是如此。让我感到无比幸运，难以置信地有福气。我生活幸福，工作顺心，希望这一切能继续下去。"

事实上，很多人常常因为工作和家庭的冲突而感到沮丧，尤其是一些职业女性，她们常常不得不在工作和家庭中作出抉择，这也让她们感到压力重重，甚至是纠结。有很多女性就是因为过分投入工作当中才导致自己的家庭生活、婚姻关系一团糟，而有的女性由于不得不在家带孩子、不得不在家里打扫卫生、不得不在家里照顾好一切，结果导致事业受到影响，很多人甚至就此失去了工作的机会。她们渴望达到一种完美的平衡，渴望在发展个人事业的同时兼顾到家庭生活。但现实生活往往让她们倍感挫折，因此很多女性实际上生活在一种沮丧和失望的状态，即便她们是工作能力很强的职业女性，即便她们拥有很大的野心，但是生活和工作的这种失衡往往让她们陷入一种消极情绪当中。

伊万卡也一直都在处理这个社会问题，并且为此而努力。她自己也明白对于一个女人来说，这么做究竟有多难，她只是努力去追求平衡，用更加积极乐观的心态去面对生活，去感恩生活所带来的一切，“达到平衡是可望而不可即的，有时候我的生活会更偏向于‘工作’，有时候我会更偏向于做一个‘母亲’，但我感激这样的不平衡。”和其他女性容易对自己的尴尬处境进行抱怨不同的是，伊万卡显然对生活中不完满的地方看得更开，对于生活中各种不如意的缺陷也更加包容。在她看来，一切只要自己尽最大的努力去做就可以了，而且对于生活中遭遇的一切，她觉得每个人都应该心怀感恩，只有这样才会让自己变得更加轻松、更加快乐。

2.平衡好工作与生活的关系

职场生活再也不是朝九晚五，如今的职场女性需要处理多维度的任务，既需要照顾家庭，还需要拥有个人生活空间。此外，许多女性其实是在全天候工作，因为她们不得不把工作带回家中。培育和创造一个有利于这些女性的大环境是非常重要的。

——伊万卡·特朗普

通常情况下，我们也常看到很多厉害的女人，她们都是事业上的女强人，无论是工作态度还是工作能力都无可挑剔，甚至比多数男人都要更加成功，但是她们在感情和家庭生活上往往容易陷入困境。因为女性为了在事业上获得成功，往往需要付出比男人更多的精力，这就导致她们在感情方面、生活方面的投入受到压缩。而且由于女性性格方面的特点，她们实际上更容易将生活和工作混淆起来，更容易将工作中的状态和脾性带到家庭生活中，甚至用同样一种方式来解决工作问题和生活问题，这样一来，她们的人生重点会进一步向事业倾斜。正因如此，很多职场女强人在家庭生活中往往矛盾重重，在感情生活上也非常不如意。

在伊万卡看来，职业女性在工作中面临的困难要比男人大很多，而且她们还必须承受来自家庭的压力，毕竟在外界看来，她们必须弄清楚自己的本职工作就是照顾家人。尽管这种强加的想法并不合理，也不公平，但是职业女性的确会面临着双重的压力。很显然，相比于男性而言，女性更需要掌握好平衡，需要在事业和生活当中找到一个完美的平衡点。

最近几年，伊万卡一直都在试图帮助那些职业女性，不仅仅帮助她们勇敢地从家庭的束缚中走出来，帮助她们融入职场生活当中，同时也帮助她们努力平衡好家庭生活和工作的关系。作为一个职业女性和家庭主妇，伊万卡自然也知道职业女性所面临的困境和压力："我个人作为三个孩子的母亲，深知照顾家庭的同时要兼顾工作是多么地艰辛。"正因如此，多年来她也一直都在思考如何平衡工作与家庭生活关系的事情，并且一直期待着找到一种更好的解决方法。

伊万卡还积极启动"职场女性"的运动，倡议鼓励各层次女性去工作和追逐梦想，并维护职业女性的合法权益，"我的运动关注女性在工作、生活的各个方面，在谈论职场女性时有这种倾向，是把职场女性当成一个漫画人物，我们占人口的50%，我们工作在不同领域，有着不同的价值观，而且在一生之中，价值观也在变，所以我真的想创造一个品牌来庆祝女性事实上是多面的，那就是我们都在努力架构希望过的生活，那种和自身价值观相符的生活。我认为，存在这种错误而常见的现象：把职场女性描绘成身穿黑色西装，只关注职业工作。我希望我能为改变这种印象——那种对如今职场女性的印象出一份力，这就是我倡议运动的目的。不是要说服女性应该工作还是顾家，不是在向女性说你应该怎么做，而是在庆祝一个事实。我们都有所成就，我们都非常努力。我知道，比如，周一早晨，我累坏了，因为整个周末都在家带孩子，比周五下午还累。”

作为一个每天只休息几个小时的工作狂，作为特朗普家族中的继承人，伊万卡总是能够百分之百地投入工作，但是她从来没有忘记自己的家庭。尽管伊万卡有一个富裕的家庭，有一个非常包容的丈夫，还有三个非常懂事的孩子，这可以让她在工作中更加高枕无忧，但她仍旧会想办法在工作和生活中作出适当的调整，以确保达到一个相对平衡的状态，从而减少生活与工作的冲突。

某一次，一个电视台的主持人问伊万卡：“伊万卡，你有什么每日常规或生活技巧来帮助你组织自己的生活吗？你的最佳生存术是什么？”伊万卡回应说：“你知道人们会谈论平衡、寻找平衡，但是不管你处不处于那个状态，平衡就像是一架天平，它不会长时间处于平衡状态，因此我更多的是保证自己的生活总体上围绕我的优先项，而且我努力坚持自省，我应该在某个地方的时候，我是不是在那里，孩子需要我的时候，我是不是在他们身边。在我处理某桩生意的时候，我是不是在处理，就这样我不断反省确保每天井井有条，我每天早上都问自己那个问题。”

伊万卡认为这种平衡并不是绝对的：“我们只能在一小段时间

内取得平衡。比如，我要计划一次出差，我知道在出差的头一天晚上不要安排任何事情，因为我要和我的家人一起度过。如果我有一桩大的生意要谈，我可能要连续工作三个星期。生活还会出现一些其他情况，如阿拉贝拉（伊万卡的女儿）生病了也会影响到我的精力。人生是一场马拉松，不是一场冲刺。”

即便是这样，伊万卡也在尽力处理好生活和工作的关系，为此她曾经明确表示自己即便再忙，也不会忘记抽出时间和家人待在一起。事实上，虽然伊万卡的日常行程可以从早上一直排到半夜，但有两个必要的安排几乎雷打不动：每天早上锻炼身体，陪孩子玩耍；每周五在家跟丈夫、孩子共进晚餐。伊万卡嫁给杰瑞德之后，就皈依了犹太教，因此她总是严格遵守犹太教安息日规范，在周五日落后到周六日落之间，伊万卡会关掉手机和电脑，和孩子们待在一起，陪着孩子一起看书、聊天或烹饪美食。

对于伊万卡来说，人的一生需要做很多工作，但享受生活是人生最重要的一个工作，所以她非常享受和家人在一起的时光。无论什么情况，她都乐于从繁忙的工作中抽身来陪伴家人。伊万卡在多个场合表态：“在我的生活中，我一直把家庭排在第一位，就是对我来说，孩子的事永远是最重要的，这并不意味着我的工作压力不大或者对职业能力没有追求。但是我的老公、孩子和我的家庭，永远是第一位的，所以我会保证每天早上跟他们在一起，例外的情况很少出现，晚上也会跟他们在一起。”

在通常情况下，伊万卡会在结束一天工作之后立即回到家中，然后脱下职业装，并换上一套更加舒适休闲的衣服。对于这个细节，伊万卡一直都非常重视，因为她不希望自己回到家后，孩子们会对这套职业装产生疑惑和恐惧："难道妈妈还要继续工作吗？"所以她会及时换一套衣服，在孩子面前转换角色，然后抱一抱孩子。"我需要这样做，在精神上把工作和生活分开来。哪怕这时候手机还在响，我还在查电子邮件。"

在平时，伊万卡总是不遗余力地工作，争取将所有的事情都做到位，而到了周末，她会放下工作重新回归到生活当中，因为对她来说，孩子们需要一个完整的周末，这时候他们想要和父母待在一起或者一起出去游玩；而她和丈夫也需要一点私人空间，需要讨论一下工作以外的事情，需要一起去享受生活。正因为这样，对她来说，周末也是非常重要的，除非有婚礼或者其他必须参加的活动，她一般不会在周末安排事务。周五会给家人做一顿饭，在周六晚上之前，一家人都会一直在一起，所有人都放下工作，这是一家人重新联结在一起的时间，大家一起玩游戏、在公园散步或者在一起聊天。周日基本上也是如此，不管是私事还是公事，她都尽量推掉，确保家庭生活不受影响。

为了让自己的生活更加丰富多彩，为了让自己不至于被完全困在工作当中，伊万卡会利用空余时间和家人一起去打高尔夫球，至少父亲特朗普当年也是这么做的。每次一说起高尔夫球，伊万卡都有说不完的话，那里面有太多美好的家庭回忆，所以她常常会重复强调那些话："我喜欢高尔夫，七八岁的时候爸爸就开始带我去球场玩，他是翼脚俱乐部的会员，不过我一直到11岁才第一次拿起球杆，爸爸指导了我一会儿就走开了。不得不说，爸爸对高尔夫的喜爱深深影响着我，而因为有了高尔夫，让我们有了更多聚在一起的机会。"

有时候，伊万卡会陪同家人一起去度假，或者陪着丈夫看网球，甚至拍戏。对于伊万卡来说，有过几次表演的经历，但是她并不是什么专业的演员，演戏也纯粹只是为了调剂一下生活。她喜欢尝试不同的生活方式，丰富自己的人生，她愿意在工作之余放松一下自己，愿意给生活增加一些不同的色彩。不仅是自己拍戏，而且还拉上了丈夫一起，如她曾经和丈夫一起拍摄《绯闻女孩》，在戏中，两个人都是本色出演。尽管戏份不多（事实上，忙碌的两个人也根本不可能有太多时间来担当主演），但是夫妻俩都乐在其中，完全将其当成一种生活中的额外享受。

事实上，伊万卡也承认，自己根本不可能像很多男人那样将全部精力投入工作当中，可以像他们一样心无旁骛地为自己的远大理想而奋斗；也不能像其他妻子和母亲一样在家安心地相夫教子，将自己的时间和精力全部投入这个家庭，从而为家人营造一个最舒适、最温暖的氛围。但是无论如何，她都在尽量做到平衡，都在想办法让自己的事业和家庭得到兼顾，这种平衡也许让她变得更加忙碌，但也让她变得更加坚强、更加真实，毕竟这才是那个真正的伊万卡，才是那个有想法、有魄力、也有家庭责任感的伊万卡。

对于伊万卡来说，生活也许是艰辛的，工作也许也是艰辛的，但一个人应该去体验这种艰辛，这与性别无关，与家庭出身无关，关键在于培养一种良好的心态和平衡能力。当以美国前总统西奥多命名的孩子出生时，伊万卡和丈夫杰瑞德对这个小儿子发表了一番另类而真诚的祝福：

“愿生活有一定艰辛，让你能获得成长，但又不会过度辛苦，以致压垮你。”

对于伊万卡和丈夫来说，他们都希望自己的孩子能够快快乐乐地成长，一方面可以在工作中展示自己的能力和价值，可以体验生活的艰辛；但另一方面又要确保自己能够进行平衡与协调，从而不会被生活中的琐事所击垮。这样的祝福实际上恰恰体现了这对夫妻对待生活和工作的态度，也体现了他们对于人生的一种彻底领悟和认识。

3.在家庭中，再多的爱也不嫌多

爱，才是最大的财富。

——伊万卡·特朗普

由于从小父母离异，因此伊万卡更加注重对家庭关系的保护，更加注重给予家人足够的爱，她渴望用爱来长久地维持家庭的完整，用爱来确保家庭成员之间的亲密联系，用爱来支持丈夫的生活和事业，用爱来保证孩子能够健康快乐地成长起来。

此外，除了父母离婚事件给她带来一定的伤害之外，实际上母亲和父亲还是像过去一样爱她，尽管这种来自家庭的爱有些残缺不全，但是多年来，她一直都对父亲和母亲保有感激之情，一直都没有忘记他们对自己的无私付出。

比如，小时候的伊万卡非常迷恋动画片，对于迪士尼的动画片更是分外着迷，而且对迪士尼乐园也很喜欢。为了让女儿能够一直享受到迪士尼动画片和迪士尼乐园带来的童年乐趣，特朗普和伊凡娜决定对伊万卡的卧室进行精装修，房间里所有的瓷砖全部换成迪士尼图画风格，重要的是那些瓷砖全部都是迪士尼本人手绘完成的。这样的公主梦并不是每一个少女都能够享受到的，但是伊万卡的父母却在保持严格的家庭教育之余，尽可能地让孩子们感到幸福。直到今天，伊万卡仍然喜欢这间卧室，并且一直对父母给予的爱念念不忘。

同样，作为回报，她也爱着自己的父亲和母亲，而且一直都在帮助父亲打理生意、应对工作中的一些事情。更重要的是，现在的她也成了别人的妻子，成了别人的母亲，这让她对父母当初付出的爱感同身受，就像她所说的那样，当自己成为一个母亲的时候，才知道父母当初的艰难，才知道父母当初的爱有多么深厚，现在她同样将这份爱传递了给自己的孩子，传递了给自己的家庭。

比如，在结婚之后，伊万卡一直都在强调："女人最重要的一个职业就是母亲。"有关母亲的定义，不仅仅体现在养育孩子和给孩子提供更好的生活条件上，还在于为孩子们付出自己的爱，而且这种爱并没有一个确切的界限和底线。尽管工作很忙，尽管自己经常飞来飞去，但是伊万卡始终牵挂着孩子，而且也竭尽全力地来爱自己的孩子。

丈夫杰瑞德曾经对外透露伊万卡在结婚前根本不会做饭，事实也确实如此，尽管从小就独立自主，但是做饭向来不是她的特长，她根本没有尝试过自己动手做饭吃。但是结婚后为了照顾家人，为了营造家庭氛围，她开始慢慢学着做饭，平时无论多忙，都会抽出时间亲自下厨，如在周五晚上，她通常会亲自动手给丈夫和孩子制作美食。她会想尽办法给孩子制造一些惊喜：花心思做精美的糕点，用全天然的食材拌鲜果沙拉，或者用烤箱做出美味可口的牛排……

她乐于为孩子做出改变，愿意为孩子们去学习厨艺，因为在她看来，一个女人如果不会做饭不仅仅是一种失职，还是对家庭的一种伤害，尤其是一位母亲如果不能亲自为孩子们做饭，那的确是人生的一大遗憾，至少她不希望自己的孩子永远到饭店里吃饭，或者吃保姆做的饭菜，又或者她不想听见孩子们在学校里听其他同学谈论母亲给自己做了什么好吃的食物时而面露沮丧之情。

亲手下厨并不意味着做一顿简单的饭菜，而在于传递一种爱，这是任何一个母亲都会对孩子付出的爱，如果她不想做或者不会做，可能就会失去同孩子们交流的一次机会，会失去一次付出爱的机会。正因为这样，伊万卡开始努力学习烹饪，努力提高厨艺，确保能够给孩子们做出更好吃、更有营养，也更有爱心的食物。

不仅如此，她也尽量多花时间和孩子们在一起，尽量像一个普通的母亲那样对待孩子，以一种更加常规的方式去爱自己的孩子。2015年，伊万卡接受了Learn Vest的采访，当时主持人问她："你最好的习惯是什么？"伊万卡想也没想就做出了回答："我最好的习惯是每天晚上准时回家，在孩子们上床之前，给他们讲睡前故事。"对于孩子们来说，能够在妈妈的故事里睡着是最幸福的事情，伊万卡不希望自己的孩子缺失这种童年应该有的快乐，不希望错过展示一个更具魅力的母亲的机会。

她总是尽量给予孩子一切的爱和帮助，"我是一位企业家，也是一位母亲、一位妻子和一位姐姐。我会教我的女儿如何打理花园，也会教我的儿子如何学会走路。我是我们家早上第一个起床、晚上最后一个给大家睡前香吻的人。”谈到这一切的时候，她的眼神里满满都是爱。

伊万卡曾经表示自己是一个非常喜欢孩子的母亲，她是那种可以接连24个小时都全身心投入工作当中的工作狂，但是却从来不会缺席女儿的钢琴课，那对她来说非常重要，就像是自己生命中的一部分。伊万卡非常享受这种付出，非常享受当母亲的感觉，实际上很多时候，她都会将自己和孩子的照片晒到网上与别人一起分享，她也成了一个“晒娃狂魔 ”。在照片中，可以看到伊万卡陪同孩子们打高尔夫，给孩子们讲故事，陪着孩子们荡秋千，或者像朋友一样打成一片。每次一晒出照片，就给人满满的温馨和爱，这也为她赢得了很多的赞美和支持。

除了孩子之外，丈夫也是她最看重的人，这一对恩爱的金童玉女自结婚就一直保持着让人羡慕的夫妻关系。事实上，伊万卡认为自己找到了一个对的男人，找到了一个值得托付终身的男人，所以她义无反顾地去爱他。虽然在娱乐圈摸爬滚打过，但她却从来没闹过绯闻。作为全美男性心中的完美女神，在28岁时就结婚了。而且为了丈夫，这个一直标榜自由、自立的女强人竟然加入了犹太教，竟然一口气为他生下了三个孩子。伊万卡说自己一直都非常强势，一直都表现得更具男子气概，但问题是，结婚之后她在丈夫面前表现得更像一个女人，尽管她并不像传统的女人一样小鸟依人，但是在生活上，她的确展示了为人妻子所能做的一切，而不是那个在事业上所向披靡的女强人。

伊万卡曾经说过，丈夫是自己一辈子最信任的人之一，因此她一直都会注意花时间和丈夫待在一起。正因如此，平时下班回家，她会抽出一点时间和丈夫交流谈心；在早上会一起跑步；在周五晚上，她会自动关机，安心地享受二人世界。尽管自己非常忙碌，还要做这做那，但是她觉得丈夫平时不仅仅要忙他自己的事业，还要帮忙照顾孩子，有时候更是担当自己的商业顾问。她觉得自己有点亏欠丈夫，所以一直都在想办法弥补丈夫，一直都在努力创造好的交流空间，并且希望给予丈夫更多的爱。

结婚多年来，伊万卡和丈夫每一次合体出现在公众面前时，都是一副恩爱的姿态，两个人无论是着装，还是神态都保持很好的默契。伊万卡也常常是一脸幸福的模样，让人羡慕不已。

可以说，在家庭方面，伊万卡是不吝惜去付出自己的爱，总是想办法通过各种形式来输出或者展示这种爱。她常常会大方地带着丈夫和孩子一起外出游玩、购物，而且从来不会刻意躲避媒体。平时则会将生活中的点点滴滴放到互联网上与人分享、交流，伊万卡总是强调说："我在社交媒体上诚实地展示我的日常生活，分享我的想法和兴趣。我试图发一些令人深思的文章或分享新闻，我觉得这是很重要的。"

相比于其他富二代、富三代经常在网络上炫富或者晒出自己奢靡的生活，伊万卡的生活片段无疑更加低调、更加温馨，也更有爱，所以每一次都有很多网友会为她的行为点赞，并且乐于和她进行互动交流。而当她经常在网上上传自己和家人一起互动的画面时，以至于人们都非常好奇地猜测：难道这个女人每天都有48个小时的时间吗？很显然，她并没有因为工作的忙碌而丢掉自己对于家庭的责任、没有丢掉自己对于家人的爱。即使每天忙得不可开交，她也不忘回归家庭，再忙她都坚持与家人共进晚餐，和孩子玩耍，和丈夫一起阅读、交谈。

有人曾经问伊万卡，一个人拥有那么多的财富是什么样的感觉，是不是觉得很充实、很幸福，伊万卡笑着摇摇头说：“爱是我不断强大的动力，是我最大的财富。”对她来说，家庭永远是第一位的，尽管她可以为工作付出自己的爱，付出自己的热情和精力，但是这些付出绝对不会是全部的爱，因为她需要花费更多的时间和精力去面对家庭，需要付出更多的爱给丈夫和孩子，而这才是她人生快乐的最大源泉。

4.不要忘了和家人进行互动

我每天都会给父亲打电话。

——伊万卡·特朗普

众所周知，伊万卡是一个非常顾家的女人，她和家里的每一个成员都相处融洽，对于伊万卡来说，保持家庭的融洽与和睦是生活中最重要的部分，毕竟只有保持家庭和睦，只有让所有家庭成员和谐相处，整个家庭才会有更多的爱，才会有更多的幸福。此外，良好的家庭关系是事业成功的一个重要保障，只有家庭生活得到了保障，我们才能够心无旁骛地投身于事业。

而在保持这种融洽的家庭氛围的时候，伊万卡非常注重一些处理家庭关系的技巧，注重一些最基本也最有效的沟通方式，那就是经常和家人进行互动，这种互动不仅仅是坐在一起聊天，不仅仅是一起外出游玩，还在于一种心灵上的支持与交流。

比如，伊万卡和父亲特朗普的关系非常密切，感情非常融洽，两个人甚至经常在媒体面前隔空开玩笑。再如，特朗普会毫无顾忌地在媒体面前赞美女儿漂亮、身材好，还认为整个国家的所有男孩都想和她约会。而对于父亲的赞扬，伊万卡也不失时机地赞美父亲是个贴心的好老爸，而且还会当面夸赞一些父亲的优秀品质。然而在不久之后，特朗普在电视节目中却说，如果伊万卡不是自己的女儿，那么他也会忍不住想要和她约会。这样的言论在社会上引起了轩然大波，有很多人批评特朗普缺乏最基本的道德伦理，有人甚至在电视和网络上对他的不当言论破口大骂："他以为他是谁？伍迪·艾伦吗？"事实上，伍迪·艾伦当年因为和养女结婚而备受舆论的指责，大家都认为这是变相的乱伦行为，而如今特朗普也犯了同样的错误，尽管这个错误看上去只是一句玩笑话，但也没有人会这样开女儿的玩笑。

有人后来将特朗普的谈话原封不动地说给伊万卡听，并询问她有什么感想，对此，伊万卡并没有表现出尴尬，而且当她得知舆论将违背伦理的罪名都安在特朗普身上时，她并没有着急帮父亲解释或者洗白，而是针对父亲的言论进行隔空互动："如果特朗普不是我父亲，我绝对会用防狼喷雾喷他。"

这样的回答让媒体感到吃惊，他们都不了解这对父女到底是不是正常人，为什么两个人会如此肆无忌惮地开一些看起来有些越轨的玩笑？但实际上了解这对父女的人都知道，两个人平时的关系非常好，彼此之间开一些玩笑也很正常。伊万卡并不认为自己的父亲很荒唐，也并不赞同外界将他描述成一个歧视女性的人，最主要的问题在于特朗普是一个说话不经大脑的人，常常说出一大堆莫名其妙的话，但从本质上来说，他是一个懂得尊重别人的人，更是一个懂得关爱子女的人，所以伊万卡从来不觉得自己的父亲有什么问题，而且乐于和父亲互动，以此来增加彼此之间的感情，并且为这个复杂的家庭注入一些活力。

关于这一点，就连伊万卡的兄弟也有些嫉妒，他们认为伊万卡总有办法和父亲完成亲密的交流，两个人总是能够产生很好的默契，有时候是工作中的交流，有时候是生活中的几句话，无论是严肃的还是开玩笑性质的，伊万卡总是能够说出对父亲胃口的话，两个人之间的交流互动也总是让人印象深刻。

更多的时候，伊万卡喜欢和父亲待在一起，而且她很少去干涉父亲的私生活。特朗普可以称得上是一个花花公子，一生结婚数次，而且还曾经谈过好几任女朋友。在恋爱期间，其他孩子都会表现出一定的抗拒和反感情绪，但伊万卡从来不这样，实际上经历过父母离婚的风波，她习惯了父亲身边出现不同的女人，习惯了父亲和不同的女人谈感情，她很少去干涉这一切，毕竟她知道无论那些感情最终会怎样，父亲依然还是爱她的。正因如此，她基本上都不会产生什么反感的情绪，反而希望父亲能够找她谈心，能够向她咨询一点恋爱和感情生活上的建议。至于电视和报纸上报道的那些有关父亲和年轻女孩约会的事情，伊万卡倒是看得很开，一方面她觉得父亲在成立新的家庭之前，在爱情上拥有自己的选择权；另一方面她会和父亲开玩笑，“只要你带回家的女孩比弟弟年纪大就可以了”。有一次，伊万卡还在媒体面前开玩笑说：“现在他有些紧张，因为我弟弟已经22岁了，这意味着他可以挑选的范围越来越小。”

这种家族内部的互动不仅让父女俩的关系变得更为密切，而且伊万卡还积极地为父亲在公众面前留下的不良形象平反。比如，当人们质疑父亲不太尊重女性，尤其是不尊重职业女性的时候，伊万卡及时做出回应："我认为企业不确保在各个级别提拔更多的女性，企业会落后。所以我认为这是个自我选择的过程，我认为在十年后，在性别问题上没有进步的公司会比今天的状况更差。我想，我父亲在很久以前就认识到了这一点，否则我不会成为今天这样，我不会如此心怀抱负，有动力、有激情，这么专注；为特朗普集团公司、为自己的品牌工作，如果没有他鼓励我，给我勇气、给我信心，我是无法完成这一目标的。他让我拥有相匹配的预见力、精力、激情和职业道德。所以，我认为，真正的领导力，要看行动。领导力，是为别人做出表率，他在特朗普集团公司内部就是这么做的，这就是我和哥哥能任职于公司内部的最高级别的原因。"

当人们指责参加美国总统大选的特朗普徒有虚名的时候，伊万卡这样说道："我的父亲是一名斗士。当初选择艰难的时候——当对手强悍时——他做了伟大领导人所做的事：他深耕细作、勤奋努力，并渐入佳境、越战越勇。"

当人们质疑特朗普缺乏管理的能力和气度时，伊万卡这样描述自己的父亲："我父亲最大的天赋在于他能看到不同人的才华，甚至有些时候这些人都不知道自己有这样的才华。就像他对我们的教育一样。他告诉我们再好的天赋如果不加上适当的训练也会变得一文不值。"

当人们质疑特朗普是一个独裁者、是一个歧视别人的狂人时，伊万卡进行了激烈的反驳："我父亲十分珍视人才。他重视知识和技能；他不在乎肤色和性别；他只起用最适合这个岗位的人才，不管你是谁。”

当然，伊万卡并非每一次都是如此毫无顾忌地帮父亲说话，甚至是偏袒父亲，她同样具备一些公正的立场。比如，有一次，特朗普在与朋友闲聊的时候说“只要有钱，我可以对任何女人为所欲为”，这样的对话毫无疑问具有侮辱女性的嫌疑。事后特朗普紧急灭火，先是辩解这只是更衣室里的闲聊，接着又难得地亲自出面道歉。这个时候，当别人问伊万卡“对父亲的谈话有什么看法”时，伊万卡还是非常正直地表态说这段对话“显然失当而且冒犯他人”。与此同时，她也说道：“我很高兴他承认了这一事实，并立刻对我的家庭和美国人民做出了道歉。”在伊万卡的解释下，大众愤怒的情绪才有所缓和。

当伊万卡处处维护自己，帮助自己解决麻烦时，特朗普显然心知肚明，他对于女儿的善意不可能无动于衷，所以在日常生活和工作中，他乐于倾听女儿的建议，乐于和女儿进行交流，也乐于和女儿一起出席各种活动。重要的是，他更加懂得维护女儿的声誉和权益，当外界对女儿发起攻击时，他又变成了那个舐犊情深的父亲。比如，当有人攻击和批评伊万卡，且她的品牌产品被某家商场下架的时候，特朗普非常生气地在推特上直接做出了猛烈的回应：“她（伊万卡）是一个伟大的人——总是推动我去做正确的事情。”

了解内情的人都纷纷表示，伊万卡和父亲特朗普之间的关系坚不可摧，这对父女所做的一切都让人羡慕和感动。除了父亲之外，伊万卡和兄弟姐妹之间的关系也很融洽，他们懂得在工作和生活中产生积极的互动交流，也经常会相互赞美对方，这一点对于特朗普家族来说非常重要。毕竟特朗普的几个孩子都有可能继承他的财产，都能够享受到家族企业的巨额财富，这种权力、地位和财富之争经常会上演为豪门手足相残的剧情，毕竟谁也没有办法轻易拒绝那些物质利益的诱惑。

特朗普显得非常开明，不仅将几个大的孩子全部安插在自己的公司里，而且也给予了相应的权力和职位，对于伊万卡来说，家族内部的一切权益都是平等分配的，她从来没有想过和兄弟们争什么，此外，她也注意和兄弟姐妹们进行互动，这不仅仅包括自己的两个亲兄弟，还包括继母的孩子。

实际上无论是小特朗普，还是埃里克·特朗普，或者是蒂凡妮（Tiffany，特朗普第二任妻子Marla和特朗普所生的唯一一个女儿），他们都会和伊万卡在媒体上进行互动，并且相互赞美和鼓励。有时候他们会谈论一些严肃而正式的话题，有时候会表现得幽默感十足，有时候则显得非常随意，但无论如何，兄弟姐妹几人的感情一直都非常融洽。

比如，在前一段时间，有人开始取笑特朗普的发型，认为他的头发就像玉米须一样，还有的人将其和一些长相怪异的鱼联系在一起，一时之间，特朗普的奇怪发型成为网上热议的焦点，他也在不知不觉中成了网红。这个时候，子女们也积极加入这个话题中来。大儿子小特朗普在对待父亲的头发时，显得很慎重，表示自己对谈论父亲头发的事情不太感兴趣，而且明确表态“因为遗传的事情你根本说不清楚”。伊万卡也很快加入进来，不过相比于小特朗普的冷漠表态，她显得很大度，微笑着表示父亲的头发的确有些吸引人，并且认为：“看上去有趣是因为他的发型很独特，人们为此很着迷……可对我们来说，他的发型一直是这样啊。”

小女儿蒂凡妮则进一步发挥了娱乐的功力，对姐姐伊万卡的话进行了补充：“爸爸经常对我说：‘我真的非常高兴，你遗传了你妈妈的头发，而不是我的。’”这样一家人就像是借力一样讨论父亲的头发，甚至拿父亲的头发开涮，看上去其乐融融，配合得非常默契，而这也是伊万卡一直在努力营造的家庭氛围，她希望看到一家人可以快乐和谐地共处，可以多一些活动交流，这样才能确保家庭的完整和幸福。

5.找到一个支持自己的人生搭档

如果我的丈夫不支持我拥有自己的职业和人生，那真的会阻碍我。这不仅是指你与谁结婚，而是围绕在你周围的都是什么样的人。

——伊万卡·特朗普

作为身家二十几亿美元的富豪，作为全美有名的名媛，伊万卡向来不乏追求者，但是她并没有太多的恋爱经验。那个时候特朗普非常担心女儿会在恋爱中受到伤害，或者担心有什么人会对女儿造成什么伤害，所以一直非常关心女儿的感情生活。而那些倾慕伊万卡的人感到非常紧张，因为在他们看来，特朗普应该是一个非常严肃的人，特朗普的干涉对伊万卡的恋爱会造成一定的困扰，对此伊万卡倒是看得很开："爸爸其实是一个随意而成熟的男人，但人们在见到他之前总是有些紧张。我觉得他和其他父亲没有什么不同，他很保护我，我肯定还有比他更糟糕的爸爸。至少，目前我知道他对和我约会的男孩没造成人身伤害。”

事实也的确如此，特朗普一直以来都对子女非常关心，只不过向来严格且不善言辞的他常常让人感到陌生，但是在子女的婚恋上，特朗普总是显得非常积极。不仅仅是对伊万卡，对其他几个儿子，他同样非常关心。比如，当大儿子小特朗普谈恋爱的时候，特朗普就主动帮助儿子。小特朗普的妻子梵妮莎在回忆自己和丈夫初次见面的情景时说：“我当时正在参加一个时尚秀，特朗普和他儿子一起向我走来，他说：‘嗨，我是唐纳德·特朗普，我想向你介绍我的儿子小特朗普。’

“可是到了时尚秀的中场休息时间，特朗普又和儿子一起来到我面前，他对我说：‘我觉得你还没有见过我的儿子小特朗普吧。’”

这样的表现让梵妮莎感到有些莫名其妙，但正是由于特朗普接二连三的搭讪和介绍，才帮助儿子追到自己最喜欢的人。

在对待伊万卡的爱情上，特朗普同样不遗余力，只不过他在女婿的选择上和伊万卡有一些出入，受到家风的熏陶和影响，伊万卡一直都喜欢那些经济独立、善于理财的男性，这是她择偶的一个重要标准，至于对方的相貌和身份，她并不那么在意。而特朗普对女儿约会的小伙子则有特定偏爱，伊万卡说过：“他喜欢运动员，因为他总想成为一名运动员，他可谓男人中的男人。但每当他开始说运动员的时候，我就不听。”

而父亲特朗普之所以喜欢运动员，是因为他自己总梦想成为一名运动员。当然，伊万卡是一个有主见的人，自己的男朋友首先要自己喜欢，虽然她并不讨厌运动员。她对爱情有独到的见解：对年轻人而言，如果恋爱关系走到不能让对方快乐的地步，就应该重新选择，降低损失。而对她来说，还有一点同样很重要，她希望找到一个能够帮助自己、支持自己，两个人相互扶持慢慢到老的人生伴侣，这一点几乎成为她择偶的一个重要标准，也正因如此，她才找到了现任丈夫杰瑞德。

伊万卡的丈夫全名是杰瑞德·库什纳，1981年1月10日出生于美国新泽西州。事实上，作为犹太移民，整个库什纳家族都是犹太人，他们也秉持了犹太人一贯的低调，据传闻其家族的财富比特朗普有过之而无不及。

出生于这样一个富裕的家庭，杰瑞德并没有像其他富家子弟一样安然享受一切，而是从小就学会了如何挣钱。小时候其他同龄人通常会在周末去看一场激烈的橄榄球赛，但是他作为家里的长子必须跟着父亲去工地看项目；在暑假里，其他孩子会被送到夏令营，而他则必须找份暑期工来干。除此之外，父亲也乐于带着他出席各种生意场合，和商人、政客们见面，并从中学习父亲的交际手腕。

而杰瑞德的母亲则比父亲更加严格，作为一个虎妈，她将严格的犹太式家庭教育推向了极致，她一直都强调让孩子自己适应环境，独立面对一切困难。所以杰瑞德从小就意识到了一点："你不能总指望你的父母在你身后无条件支持你，总指望世界变成你想要的状态。"正因为接受了严格和优秀的家庭教育，杰瑞德的自控能力和学习能力特别强，在哈佛大学上学期间，杰瑞德始终保持良好的个人形象。当时学生们都喜欢穿T恤、短裤，但是他却穿着正装，而当别人都在外出旅游时，他却在礼堂阅读《纽约商业报》，甚至还尝试着进行投资，如他在大学期间购入附近市区大楼，然后将其改造为公寓出售，获利超过2000万美元。

善于投资、自制能力强，这些刚好符合伊万卡有关丈夫的标准。不仅如此，杰瑞德还是一个非常有担当的人，当他以优等成绩在哈佛毕业，同时攻读纽约大学的MBA和法律双硕士学位时，他的父亲因为家庭内部矛盾而锒铛入狱，在整个家族面临覆灭危机的时候，23岁的杰瑞德承担起了拯救家庭的重担，主动成为家族企业的代言人。

那个时候，他周一到周五用来应付学业，并且亲自经营家族生意，周末则从纽约飞到亚拉巴马州探访狱中的父亲。由于足够勤奋，加上出色的商业头脑，杰瑞德在商业领域大展拳脚，如2005年，杰瑞德决定将公司从新泽西迁到纽约；2006年，25岁的杰瑞德用约1000万美元家族基金买下了老牌报业《纽约观察家》媒体集团；同年年底，他带领集团花费18亿美元买下了位于曼哈顿中城41层高的五大道666号办公大楼，这是当时全美独栋办公大楼成交价的最高纪录；紧接着，他又将其租给手工艺品交易网站Esty和众创空间WeWork这样的时髦科技公司，获利不菲。

一年之后，杰瑞德向AIG集团出售了总价值19亿美元的项目组合，这让他名声大噪。2008年，杰瑞德成为库什纳房地产公司的CEO，紧接着又在第二年与弟弟约书亚共同创建了Thrive资本，并成为Instagram（著名网络公司）的大股东。

在杰瑞德的带领下，库什纳房地产公司屡创佳绩，公司一度成为美国最活跃的公寓楼买家，他名下的《纽约观察家》也扭亏为盈，2013年收入已经是当初买下时的2.5倍。正因如此，杰瑞德实际上成为整个库什纳家族的顶梁柱。2015年，杰瑞德被《财富》杂志评选为“40位40岁以下最具影响力商业人物”。

很显然，杰瑞德和伊万卡都有商业上的雄心壮志，都是能力出众的商业人士，加上两个人的身高、相貌都很般配，因此他能够俘获特朗普家族大小姐的心也就不足为奇了。2007年，两个人因一次商务午餐相识，当时两个人准备谈论生意，但是却没有想到最后彼此倾心，成了情侣。伊万卡在回忆初次相遇时，这样说道：“他们本以为我们对彼此唯一的兴趣就是交易，现在我们每次见到他们，都觉得这确实是我们经手过的最好的交易。”

伊万卡在和杰瑞德约会后就被对方的气质彻底迷住了，她在接受杂志采访时甚至公然示爱：“能遇到这么好的一个新泽西男孩、一个真正善良的人实在是太难得了，我并不觉得这一切理所当然，实在是幸运！”此外，对于伊万卡来说，她需要一个善解人意并且能够帮助和支持自己事业的好丈夫，如果未来的丈夫对自己所做的一切都不闻不问或者不支持，那么双方的爱情就失去了基础。

而事实上虽然双方经历了一些波折，甚至还因为家族内的宗教信仰问题而分手，但伊万卡并没有真正放下这段感情，她一遍又一遍地告诉自己：“我很幸运碰到了他，就觉得一定得想办法珍惜。”后来，在闺密邓文迪的撮合下，伊万卡最终鼓起勇气重新追求杰瑞德，并且答应为他加入犹太教。而在结婚后，夫妻俩一直相亲相爱，互相扶持，伊万卡非常忙碌，常常前一个小时还戴着安全帽在工地上视察，后一个小时就要穿上高跟鞋参加某个娱乐活动或者进行红毯走秀，回到办公室和家里，还要处理源源不断的电子邮件，甚至公司里的事务以及股市中一丝一毫的变动，她都会关心。对于妻子的工作，杰瑞德无条件支持，他虽然也有自己的事业和生意，但是比较清闲，因此一直都在努力帮助伊万卡处理生活和工作当中的事情，而且还主动在家帮忙带孩子。甚至在岳父大人特朗普竞选总统时，不惜与支持希拉里的整个库什纳家族作对，坚定地站在了伊万卡这边。

无论是结婚前还是结婚后，两个人经常出去约会，而令人惊讶的是，两个人的约会方式竟然是经常一起看地皮。伊万卡曾经透露这样一个信息："在我老公的定义里，约会肯定得有看地（没错，不是看星星看月亮，是看地）的环节，有一次星期六晚上，我们去布鲁克林一家超级棒的餐厅吃饭，但突然之间，我就被带到The Whole Foods超市的楼顶，半夜，还下着大雨，他指着运河边，给我看他刚买的一大块地。嗯，难怪他选择了这家餐厅。"作为一对金童玉女，作为各自家族里面的继承人，作为商界的后起之秀，两个人都是多金且有品位的人，他们可以去更好、更浪漫、更清幽的地方约会，可以去国外任何一处美景约会，但是他知道妻子同样对地产感到痴迷，所以他不仅会支持妻子的事业，而且还会主动同妻子分享自己在房地产上的投资成果，而为了这些，他连自己的私人时间和私人空间也无条件牺牲掉了。杰瑞德虽然平时很低调，也很少在媒体前露面，但是提到妻子伊万卡，还是忍不住赞美她，并给予全部的支持："她就是家里的CEO。"

对于丈夫的支持，伊万卡非常感激，每次在别人面前聊起丈夫杰瑞德，伊万卡都是幸福溢于言表："杰瑞德是个沉稳低调的人，如果没有他的支持和理解，我真的有可能一事无成。和他结婚之后，我发现很多事情都不那么重要了，但找一个能够真正关心你的人做终生伴侣真是一件非常重要的事。”

伊万卡认为一对恩爱的夫妻，要懂得相互协商，要懂得相互理解和扶持，并觉得这种关系就像是一种谈判：“我的丈夫恰好也是一位谈判好手。在有关婚姻问题的谈判或协商时，关键的一点是，当你赢了时，不要让你的另一半感觉到你赢了。我的确认为，夫妻关系中的第一要点就是与你的另一半相互尊重，这包括尊重另一半的各种目标和愿望，无论这些目标或愿望是侧重于职业方面还是注重于慈善事业。我认为这极为重要，所以你要与支持你人生追求和抱负的人生活在一起。如果你的另一半总是想暗中破坏你实现你的目标，那便会后患无穷。这确实缩小了夫妻之间协商回旋的余地。”

事实证明了伊万卡的眼光并没有错，杰瑞德的确是一个非常好的男人和丈夫，也是一个坚定维护妻子和家庭的人，他们俩更是非常相配。也正是因为懂得相互理解、相互扶持，两个人结婚七年来，每一次外出从来都是手拉手，就像是初恋一样，他们两个人真正向世人证明了一点：豪门婚姻也有真感情，豪门婚姻也能够相敬如宾、相互扶持。

第六章

尽力让自己成为一个受欢迎的人

我们每个人都有责任去工作，这样做不仅仅是为了我们自己，而且是为了让我们身边的世界变得更好。

1.高情商——社交圈里的万能药

在政治能力这方面，我从不去挑战他的观念。这是他的竞选，我并不觉得我应该在其中扮演一个挑战者。但是作为他的孩子，我会去挑战他，就像我的孩子每天对我做的那样。

——伊万卡·特朗普

众所周知，伊万卡是一个非常受欢迎的人，在很多社交场合中，都可以看到伊万卡靓丽而自信的身影。事实上，伊万卡从小就跟着父母出席各种社交活动，这也让她很早就接触了社交生活，并且耳濡目染了一些社交技巧。伊万卡在一次节目中透露，小时候，她妈妈为了锻炼她的社交能力，经常在party上表示临时有事而离开，把她一个人留在那儿应对熙熙攘攘的宾客。由于从小就接触到了这样的环境和氛围，再加上受到母亲言传身教，伊万卡掌握了出色的交际技巧，而且也积累了一大批优质的人脉。

比如，默多克的前任夫人邓文迪是伊万卡的闺密，外媒经常拍到两个人在一起，其实邓文迪与伊万卡相识超过十年，两个人的感情非常深厚。邓文迪对于伊万卡总是赞不绝口，认为伊万卡美丽大方，是一个值得信赖的朋友，而且作为三个孩子的母亲，她会让孩子们特意学习中文，这一点和邓文迪非常相似。而伊万卡对于邓文迪同样非常尊敬和信任，因为邓文迪一直都在生活和事业上给予伊万卡很多帮助，伊万卡也认为邓文迪是那种“可以激励你努力工作，积极向上，同时还能让你开怀大笑的好朋友”。更重要的是，伊万卡和丈夫杰瑞德当初因为家庭和宗教原因而分手，就是邓文迪从中牵线，安排两个人到自己的游艇上游玩，最终让两人重归于好。对此，伊万卡一直铭记于心，所以多年来也积极和这个闺密进行互动。

事实上，邓文迪在美国娱乐圈和商界都有很广的人脉，她和好莱坞梦工厂三巨头之一的大卫·格芬是非常要好的朋友，和英国王室的碧翠丝公主以及超模卡莉·克劳斯都很要好，这份名单中还包括前美国第一夫人米歇尔、约旦王后拉尼娅、前法国第一夫人布吕尼、前英国首相夫人萨拉·布朗、好莱坞影星妮可·基德曼和休·杰克曼以及他的妻子——时尚教主安娜·温图尔、超级富豪阿布及其妻子达莎·朱可娃，可以说借助邓文迪这些朋友的影响，伊万卡更加拓展了自己的人脉圈。

伊万卡也渐渐融入这些圈子，如时尚教主（时尚女魔头）安娜·温图尔曾经就看好伊万卡的前途，想要让她加入*Vogue*成为自己旗下的模特，但是伊万卡还是委婉拒绝了。不过凭借着高超的技巧，她还是维持了自己与这位时尚大咖之间的关系，并没有因为自己的拒绝而得罪对方。事实上在一些*Vogue*举办的重要时尚活动中，伊万卡仍然是安娜·温图尔邀请的座上宾。

除此之外，我们可以看到，在纽约时装周上，伊万卡被安排在卡罗琳娜·海莱娜（纽约著名时装品牌）时装秀的头牌位置，而这通常都是一些超级明星才能享受到的待遇；她还经常受邀出席卡内基音乐厅的年度魅力女性庆典，并且成为走红毯的明星；也会在翠贝卡电影节的开幕式和一年一度的弗里克庆典露面。伊万卡在生活中有很多商界、政界和娱乐圈的朋友，而在媒体界和艺术圈，她同样拥有自己强大的关系网，如媒体界名人巴里·迪勒、设计师迪安·冯·菲尔斯腾贝格等人就是伊万卡的好朋友。

2009年，伊万卡和恋爱三年的杰瑞德正式步入婚姻的殿堂，当时两人在特朗普国际高尔夫俱乐部举行了盛大婚礼，而这对“美国地产界王子公主”的结合，吸引了许多重量级的政商名流前来捧场，包括奥斯卡影帝罗素·克劳、影后娜塔莉·波特曼、“美国电视新闻第一夫人”芭芭拉·沃尔特斯（作为美国电视新闻历史上第一位女性联合主持人、尼克松首次访华团中唯一的女主播，她采访过自尼克松以来每一位美国总统和第一夫人，五次获得艾美奖，当选过“历史上最伟大的流行文化偶像”“20世纪最具影响力的妇女”，作为一个名人，她见证甚至间接促成了无数历史事件与政治决定），以及前纽约市市长朱利安尼和现任的纽约市总检察官安德鲁·库奥默等500多人，而邓文迪的女儿们则担任婚礼上的花童。

这样的阵容让人叹为观止，因为即便是好莱坞走红毯也未必会像这样星光熠熠，即便是那些名流富豪的聚会也未必有这样的排场。很多人或许会认为伊万卡之所以有这么多的好朋友，之所以能够获得如此众多的人脉，关键就在于她很有钱，或者拥有一个全美闻名的富翁老爸，不可否认这是一个重要原因，但最重要的原因还是在于她个人的高情商。

比如，她的父亲特朗普虽然很有钱，但是在人际交往方面虽然未必就像媒体所说的那样“可以称得上是一塌糊涂”，但是也绝对好不到哪里去。事实上，除了一些商界和政界的少数朋友之外，特朗普几乎没有太多称得上“好朋友”的朋友，尤其是对于时尚圈的名人以及艺术家、媒体人士，他更是不怎么和他们打交道。换句话说，除了在生意上能够带来帮助的一些伙伴与客户，或者能够为生意提供帮助的政客，特朗普在其他领域和行业中几乎“与世隔绝”。而很多朋友其实还是伊万卡介绍给他认识的，她希望父亲可以接触到更多不同行业的朋友，而这对于个人形象的塑造以及工作都会有很大帮助。

很显然，特朗普拥有一张想到什么就说什么的大嘴，在别人眼中，他还是一个非常自大的人，凡事喜欢自作主张。这些都让他在社交中障碍重重，毕竟多数人都不太喜欢和这样的人打交道，这也是很多人都表态不想和特朗普说话，或者觉得特朗普很讨厌的原因。伊万卡则完全不同，她是一个非常聪明的人，无论什么时候，伊万卡都懂得与明星、名人以及其他朋友进行互动，努力维系和促进彼此之间的感情。伊万卡的朋友都认为：“她是一个高情商的女人，你很难看到她会和谁翻脸，她总是温和友善地对待任何人，总是会找到不同类型的朋友，总是会在朋友之间赢得好名声。”

比如，在谈话的过程中，她经常会给对方一个温暖的、令人安心的笑容，会保持耐心认真倾听，会积极与对方进行互动，会想办法适当迎合与迁就对方。而且她总是非常温和地与人交谈，态度非常谦卑。有人会觉得伊万卡只不过是对那些有地位、有财富、有名声的人才这样，但事实并非如此，在工作中，她同样善待每一个人，同样非常有礼貌地和每一个认识的员工打招呼。那些与她共事的人都认为她是一个温婉、谦卑、真诚的人，她几乎能够亲和地与每一个员工相处，丝毫没有富家千金的目中无人和戾气。这样的态度往往让人印象深刻，也让她在交际场合如鱼得水。

即便是作为对手，即便是面对那些立场不一致的人，作为一个交际高手，伊万卡知道什么时候该表达自己的观点，什么时候该迎合别人，她总是能够恰到好处地把握这种尺度。在提出异议的时候，她不会蛮横而直接地进行对抗，而是采取更为温和的、委婉的方式，她知道如何变换自己的角色和立场，知道自己该以何种方式去缓和双方的矛盾并最终赢得别人的信任。

比如，很多人对她父亲的做法感到不满，她自己也常常和父亲意见相左，但是伊万卡在处理这类事情的时候尤其是劝说父亲做出改变的时候，她不会以下属员工向领导提出质疑的方式进行交流，而是以一个女儿的方式和心态向父亲提出异议。比如，在竞选总统期间，特朗普说了很多荒唐的话，也提出了很多不合理的观点，对此伊万卡并不赞同，不过她绝对不会直接和父亲进行对抗或者横加指责，而是采取一种更加温和委婉的交流方式，这样特朗普对于女儿的建议反而更容易接受。

特朗普的老朋友亿万富翁汤姆·巴瑞克是看着伊万卡长大的，他对于伊万卡为人处世的方式非常欣赏，并觉得即便是一个最成功的商人，也不见得能够像她一样如此成熟而老到地处理好人际关系，她是一个情商高得惊人的人。巴瑞克这样形容伊万卡："她从来不说什么场面话。都是'我爱你父亲，所以我给你这些意见，我希望你能成功，所以你需要听我说一下'。"而这样的交流方式让特朗普非常束缚，这位狂妄自大、我行我素的精明商人对女儿的话几乎言听计从，而且总是在一些大事上征求女儿的意见。特朗普的另一位老友凯瑞对于这一点感到非常吃惊和羡慕："我觉得她父亲真的听她的，他很尊重她，而不仅仅因为她是他的女儿；我有很多富有的朋友，他们的孩子只有少数很杰出。"伊万卡的兄弟们也认为她在与父亲沟通方面非常有经验："她知道如何与父亲谈话，而父亲同样非常信任她。"

在面对其他人的时候也是一样，事实上，在她最初工作的时候，也有很多人会对她的想法提出质疑；在她开始创业的时候，也有很多人会对她的方案表示否定，但是每一次她都会非常谦卑地听取意见和建议，然后以一种更加温和、巧妙的方式进行沟通，降低姿态并适当地迎合别人，这是伊万卡拓展人际关系的法宝。那些和她有过交流的人，都认为她是那种可以轻易赢得别人信任的人，而且几乎从不在言语上得罪别人。

这里有两个故事很好地证明了这一点，有一次，*Maxim*、《绅士季刊》等男性杂志想要采访伊万卡，并邀请她为他们拍摄性感的照片。其实对于一个女性企业家来说，完全可以拒绝这种邀请。但是伊万卡并没有让对方失望，爽快地答应了这个邀请，但是她也提出了自己的一点小要求，想出了一个办法，那就是借助这一次的采访来帮助父亲的房地产公司推销公寓项目。那一次，她非常配合地拍摄完所有的照片，同时也把握时机向对方推销这些公寓项目，她还希望对方能够利用杂志的影响力帮她进行宣传，并且认为“这种宣传可不是广告费买得来的”，对方也坦然答应下来。

还有一次，著名的《亚特兰大桃》提出要给伊万卡拍照，她来者不拒，并且还主动将自己正在经手的几个房地产项目拿给摄影师们看，包括蓝图和沙盘。当时主持人问伊万卡是否去过墨西哥做隆胸手术，面对这种尴尬的问题，很多女性可能会怒火中烧，甚至直接甩手走人，但是伊万卡并没有动怒，而是非常礼貌地做出了回应：“没有。”接着又聪明地转移了话题，“不过，我们在墨西哥确实有个房地产项目。”后来，伊万卡还是拍摄了照片，但是她也想办法让对方答应将父亲特朗普正在建造的两栋公寓大厦放在了杂志的封面上，并且还要对大厦的效果图进行放大处理。很显然，她有效地利用了对方的资源做了一次很不错的广告宣传，而在此之前这家大名鼎鼎的杂志可从来没干过这样的事情。

这些都证明了伊万卡拥有非凡的交际手腕和高人一等的情商，其实作为一个富家千金，作为一个优秀的女性企业家，她拥有足够的资源来建立起一个优质的朋友圈，但即便如此，她依然保持着良好的社交品质和高情商，还聪明而礼貌地对待每一个人，而这不仅仅体现出了她独特的个人魅力，也让她获得了更多的资源，让她的人生道路越走越宽。

2.善良——对待别人的态度决定了自身的高度

我们每个人都有责任去工作，这样做不仅仅是为了我们自己，而且是为了让我们身边的世界变得更好。

——伊万卡·特朗普

在很多美国人眼中，特朗普是一个非常没有责任心的人，他们觉得特朗普对别人缺乏最基本的尊重，但在众多批评声中，有一家媒体却认为特朗普家族虽然有很多不好的习惯，但是仅仅因为他们有钱而抨击这家人显然不合情理，至少他们还没有为富不仁。而在这家媒体说出这番话之前，有很多人爆料了特朗普的一些善行。

有一次，特朗普在看新闻时注意到美国东南部佐治亚州有一户家庭，正面临着因为无法还贷而被银行收走农场的困境。这户家庭的男主人希尔为了保住自己的祖产竟然选择了自杀，希望通过保险赔偿款来偿还欠银行的债务。

可是当希尔自杀之后，保险公司拒绝赔偿，这个时候66岁的希尔太太几乎崩溃。当时40岁的特朗普看到这个新闻后非常动容，于是利用自己的名望筹集善款，并且自己补足了剩余的钱，帮希尔太太偿还了30万美元的贷款。

还有一次，一位患有呼吸障碍的孩子需要去纽约看病，可是由于孩子需要携带大量的氧气罐，所有航空公司都拒绝提供服务。孩子的母亲非常焦急和沮丧，那个时候有人告诉她可以打电话向特朗普借用私人飞机。

事实上，孩子的母亲根本就不认识特朗普，但还是抱着碰碰运气的想法将电话打到特朗普的办公室求助，没想到特朗普想也没想就答应下来，同意将自己的私人飞机借给这位母亲。对于为什么会将私人飞机借给一位陌生人使用，特朗普事后这样解释说："我只想做正确的事情，拯救3岁的孩子是正确的。"

毫无疑问，这才是真实的特朗普，尽管他毛病不少，但是绝对不能因为那些缺陷而抹杀他人格上的一些魅力，如伊万卡就说过："我看见我的父亲，把报纸上写的别人的故事裁剪下来，那些人他从来没有见过，但是面对正处于不公平或困境中的人，他会用标志性的黑色毡尖笔，给助理写个记录，吩咐找到那些人，并邀请他们到特朗普大厦与他见面。我的父亲会和他们面谈，并利用他广泛的交际圈给他们找个工作，或帮助他们渡过难关。他们离开办公室时，就像其他与唐纳德·特朗普见过面的人一样，他们的生活就再次美好起来。"

不仅如此，伊万卡和兄弟姐妹也受到了父亲善举的影响，他们也开始积极行善，如伊万卡的弟弟埃里克就是一个非常善良的人，他早在10年前就建立了自己名下的慈善基金，专门帮儿童治病，可以说他是一个有颜有钱又有爱心的大暖男。而伊万卡本人也积极从事一些慈善事业，尽量去帮助那些需要帮助的人。比如，她和弟弟一样，投注了很大的精力在儿童慈善上，经常会筹钱帮助那些患病的美国儿童进行治疗，或者给予经济上的资助。

在其他方面，伊万卡同样不遗余力地帮助那些需要接受帮助的人。比如，伊万卡曾经出了两本书，专门给那些年轻的工作者尤其是女性朋友一些职业上的指导，但对于一个刚踏入社会没多久的人来说，伊万卡一直都被质疑她是否有能力给读者提供有关事业上的建议，他们觉得伊万卡把自己当成一个导师的做法不够明智。而在面对这一切时，她如此成熟地做出回应："这从来就不是我特别想做的事，但是参加《学徒》节目之后，我收到特别多年轻人的来信，问我有关职业的忠告。我怎么能更快地受雇？我如何成功地为事业打下基础？那个时候确实没有点对点的东西来回答他们。因为市面上常见的职场书多半都是描述那些早已功成名就的企业家的经历。而职场新人需要一个和他们相近的视角来回答他们的问题。如和他们一样刚从大学毕业时就有就业危机感的人。"对于伊万卡来说，自己并无意充当导师的角色，但是她愿意和其他人一起分享自己的经验，愿意在一些力所能及的事情上给予其他人必要的帮助。

尤其是在职业女性问题上，她从来都没有把自己设定成某一个重要的角色或者某个领袖来看待，而是尽可能地为她们提供一些帮助。比如，当她在写自己的第二本书《职业女性：改写成功的规则》时，就专门给那些职业女性提供各种建议。不仅如此，伊万卡还承诺会将这本书的全部收益捐献给那些帮助妇女的慈善机构。

另外，为了更好地与职业女性进行沟通，她还特意创建了一个名为IVANKA TRUMP的网站，这不是一个电商网站，而是一个赞美女性的网站，网站会给女性提供建议和生活技巧，伊万卡特别要求网站负责人不要以居高临下的态度或者某些主观判断去给出建议，网站不会直接告诉女性朋友就该这么做或者必须那么做，而是中肯地陈述一个事实。伊万卡希望网站越来越好，她也努力去做到最好。而进入网站，便能看到伊万卡的闪闪发亮的品牌产品、丰富的美妆知识、温暖的心灵鸡汤甚至还有伊万卡对自己家庭生活的记录。伊万卡经常在里面展示自己的生活，并且不忘对那些女性同胞说一声："女孩，努力生活，别忘了爱自己。"

此外，美国有一档节目叫《学徒》，节目是在一群有壮志雄心的商界男士与商界女强人中选拔一个人成为美国著名地产大王唐纳德·特朗普的徒弟，年薪25万美元，为特朗普集团效力。在这个节目中，一大批的参赛者必须经过各种考验，而那些没能在竞争中生存下来的选手就会惨遭淘汰。

实际上为了提高节目的收视率，为了制造更多的噱头，特朗普亲自坐镇，而且每一次都会在一群待定的淘汰者当中选出一位最终的倒霉蛋，然后特朗普会运用典型的特朗普式的口吻说道："你被开除了。"由于整个节目注重竞争和比较，而且每一集都会淘汰选手，因此选手的压力非常大。这样一来很多选手就有可能在重压之下情绪失控，或者刻意说一些煽情的话。

向来喜欢真诚待人的伊万卡对于父亲的这个节目并不怎么看重，而对于选手也不太喜欢，因为她觉得每个人都会经历各种各样的竞争，都会面临各种各样的压力，如果想要变得更强，那么就要拿出强大的心来面对这一切，而不是通过一些言语和情绪的发泄、通过各种过分的表演来展示自己。当时外界对于《学徒》这档节目的批评也是如此，觉得这些选手太过脆弱，只懂得一味地煽情。

在《学徒》第五季的时候，伊万卡开始加入节目组，并且取代了常任顾问凯洛琳·柯普奇，这个时候，伊万卡开始尝试着了解台前幕后的一切工作，并意识到了自己对选手认知上的错误。她后来也多次道歉，并在媒体上为这些选手正名："在加入节目之前，我一点儿也不同情参赛者。但现在当我看见他们崩溃时，我终于理解了。他们一天做足24个小时，每项任务要花3天完成，在胜出之前，他们没有一天休息过，而第二天下一个挑战紧接着就开始，所以他们至少在两晚中有一个晚上没有合过眼，工作量之大让人难以置信。"

很显然，通过对节目运作和选手的了解，伊万卡渐渐意识到这些选手的情绪大爆发并不是毫无缘由的，在巨大的工作量和压力之下，无论是成功还是失败，选手们的情绪都会变得更加冲动，而这恰恰是一个正常人应该有的情绪波动。在那之后，伊万卡非常同情这些选手，而且一直都在为选手们说话，她认为这些选手所遭受的痛苦和压力太大，而节目组的嘉宾根本不能毫无因由地予以太多的指责。

通过这档节目，伊万卡包容的形象更加深入人心，尽管这只是一个选秀类的节目，但是很多选手都在私底下表示伊万卡是他们最喜欢的嘉宾，而不是那个经常动不动就发脾气或者取笑选手的大嘴巴特朗普。

虽然伊万卡在很多时候并没有做得那么完美，并没有让所有人都感到满意，但她的确是尽了自己的努力来帮助别人。事实上，就连特朗普的政敌和对手也都认为伊万卡是一个充满善意的人，她很少会将什么人当成真正的对手，而且很少会对他人发起恶意的攻击。就连特朗普本人也认为女儿心地善良，并对那些攻击女儿的人进行强有力的反击。

在整个特朗普家族中，伊万卡向来都是绯闻最少，遭受批评和指责最少的人，与父亲、继母和自己的兄弟相比，善良的伊万卡更加讨人喜欢。在某些时候，尤其是在一些敏感话题上，她甚至不得不和父亲唱反调，因此当特朗普遭受越来越多的非议和指责时，很多人都将希望寄托在伊万卡身上，希望这位善良的姑娘可以劝导她父亲改掉那些错误的言行。

3.真诚——没有人会拒绝一个真心朋友

要弄清楚谁是真心朋友，谁是伪善朋友。这二者之间的区别是，绝不要让自己被利用。确保身边不要有只关心你为他们做事的人。对朋友大方之余不要让他们依靠你生活。另一个信号是虚伪的行为。观察他们对待你和对待其他没有你重要的朋友的态度。口是心非是伪善朋友的重要信号。

——伊万卡·特朗普

在前一段时间，有人在网上提到了伊万卡丰富的人脉和广阔的朋友圈，很多人都为之感到惊讶，因为伊万卡的人脉资源实在太多了。不过有些人则认为伊万卡不过是因为自己有钱罢了，只要自己像伊万卡一样有钱、有身份、有地位，那么也绝对可以结交各种类型的朋友，也会成为人群中的焦点。

这话听起来很有道理，不过伊万卡从来不会借助自己的名声和地位随便结交朋友，相比于结交到各种各样的朋友，她更加懂得如何划分界限，懂得怎样去结交适合自己的好朋友，并确保自己尽可能不会受到“坏朋友”的影响。对此，她自有一套交友原则，那就是一定要有诚信，一定要待人真诚，一定要坦诚地面对身边的人。

伊万卡知道自己的身份在结交朋友的时候很有优势，但与此同时往往也会带来一些麻烦，如很多人会因为她的地位和财富而故意接近她，或者只是方便利用她的资源和优势而已。这些人未必会真心地对待她，未必真的将她当成知心好友，也未必真的会对她坦诚相待。在上流社会的名利场中，多的就是这种虚情假意的交易，多的就是这种尔虞我诈的人际关系，对此，伊万卡自然心知肚明，尤其是在模特行业的经历，更是让她见识到了那些光鲜背后隐藏的虚伪和阴暗。

在商场上，这样的人也不在少数，毕竟由于常常要牵扯到利益，大家难免都会说一些客套话和谎话来应付场面，因此想要找到一个说真话的人往往会很困难。也正因为比较难得，她一直都主张和那些善待自己、真诚地与自己进行沟通的人相处。

对于她这样出身于富裕家庭的人来说，想要获得真正的友情比一般人可能会难一些，所以她在找朋友的时候往往会选择那些真诚的人，在结交朋友的时候，同样会真诚待人。可以说真诚是伊万卡为人处世的一个基本原则，也是她对自己的一个基本要求。

事实上，伊万卡的母亲一直都非常严格，和特朗普有所不同的是，伊凡娜会动手打孩子，如当孩子犯了错误而不肯承认时，就会被母亲打。在伊凡娜看来，一个人的诚信是最重要的，一旦诚信出现了问题，那么就不再取信于人，不再被社会所接受。所以她给孩子们强烈灌输这样的思想和品德，并且绝对不允许孩子们犯下这样的错误。伊万卡曾经回忆说自己小时候有一次在客厅里和哥哥打沙滩排球，结果用力过度将天花板上的吊灯砸坏了。母亲知道后开始质问她，担心受到惩罚的伊万卡直接撒谎说吊灯是哥哥砸坏的。伊凡娜知道真相后非常生气，狠狠打了伊万卡一顿。那一次挨打让她记忆犹新，同时也养成了诚信做人的好品质，不仅如此，她还开始远离那些伪善的人，开始远离那些不守信用的人。

除了受到母亲教育的影响之外，父亲的言行也对伊万卡产生了很大的影响。很多人认为特朗普是一个说话不靠谱的人，但是在伊万卡看来，父亲的话语也并非完全不可取，至少在很多时候，他是唯一敢说真话的人，他是唯一一个会说出心里想法的人，而在生活中，他同样表现得非常真诚。

在Wendy Williams的脱口秀节目中，伊万卡提到了父亲真诚的一面："我想说我很爱我的父亲，特别有这么一个群体的存在，他们中的所有人似乎都很畏惧去说出自己真实的想法，你并不是这类人，看你的节目非常快乐，你说的那些热门话题，总有某部分人同意你的观点，也总有某些人站在你的对立面，事实就是如此，但是只有为数不多的人，会将自己真实的想法说出来。所以我想这就是我父亲的过人之处，特别是在这次竞选活动中，他把自己最真实的想法说出来，很多都是其他商人拒绝谈论的东西。"

"他是一个诚实的人，表里如一。我们可以说他足够大胆，但是人们尊重这一点，因为这是在政治场中我们从未见过的。"而在伊万卡看来，很多人之所以不想说真话，甚至刻意撒谎，或者说一些虚伪的客套话，原因就在于说真话可能更容易得罪人，这样就对说话者没好处。而特朗普并不是这样的人，“他说什么就是什么，没有潜台词；他想什么就说什么，不拐弯抹角”。“他很有想法，也很实际，他一直都说，长久以来政治家们都是光说不做，而他以行动力著称，他的言论也很不谨慎，他想到什么就说什么，不管是否同意他的观点，人们都欣赏他的真诚、直接、坦率，而别人往往选择回避这些复杂问题，他很直接地谈论一些实际问题，不管你是否同意，但从实际情况来看，很多人是同意的，因为他在共和党内选举支持率居高不下，而且还持续了数月之久。他也不落入政治派别之争，大家都很欣赏他能直论这个国家的真实问题。”

虽然伊万卡有时候也不太赞成父亲太过直来直去，不赞成父亲口无遮拦的风格，但是她也认可父亲的真诚，所以她说：“我没有资格去告诉他不该怎么做，或是去评判他，我只是发自内心地为他感到自豪，我非常爱他。”

由于受父母的影响，伊万卡也开始以真诚的心来衡量自己身边的朋友，并以此来对待别人。伊万卡有很多朋友，其中一些都是十年以上的好朋友了，对于任何一个好朋友，她总是以真心对待。事实上以她的地位，所结交的朋友常常是非富即贵，但是她并不会以物质条件来衡量这份友情，即便对方落魄了，她也一样当成好朋友来对待。

还有就是前总统克林顿的女儿切尔西·克林顿，她和伊万卡也是很早就认识的朋友，两个人几乎到了无话不谈的地步。可是由于切尔西的母亲希拉里和伊万卡的父亲特朗普竞选总统，两个人不得不暂时站在对立面。但是无论是伊万卡还是切尔西，两人都表示竞选期间不会主动和对方说话或者交流，但是竞选之后一定会再次像过去一样亲密。当别人质疑两个人的感情能否经得起这样的考验时，伊万卡信心满满地做出回应："对我俩来说，那不是问题，我非常尊重她，她是我的好朋友，我也是她的好朋友。我们父母的政治与友谊无关。"

那些和伊万卡有深交的人都知道，伊万卡平时非常平和，对人很有礼貌，而且会真心实意地对待自己的朋友，会真诚地对待自己的家人，也会真诚地对待每一个员工以及同事。朋友们觉得伊万卡非常仗义和真诚："她不是那种敷衍了事的人，如果我们有什么请求，她会认真去做。"在员工们看来，她平时会关心员工的生活，会和他们一起讨论生活："她不是那种只懂得做表面文章的领导，而是真心实意地想要帮助我们。"

正因为真诚，伊万卡的身边聚集了一大堆的朋友，她也赢得了人们普遍的好感，并且使她在社交场合获得了更多的关注和尊重。在多数人的眼中，伊万卡就是特朗普家族最大的一张社交名片，她永远都不会像父亲特朗普一样什么话都敢说，更不会生硬地指出别人的不是，但对她而言，说一些委婉的话，懂得迁就别人，适当地站在别人的立场说话，这是为人处世的基本技巧和原则，而这些技巧都是以真诚的态度作为支撑的。

4.宽容——多站在别人的立场上想问题

对于非议，我只能置之不理。批评我的人嗓门太大，谁都听得到，让我的经营环境变得非常困难。

——伊万卡·特朗普

2016年12月22日，伊万卡一家人准备去度假胜地棕榈滩度假过冬，于是她和丈夫以及孩子选择了在约翰·肯尼迪国际机场乘坐飞往佛罗里达的捷蓝航空航班。可是在飞机上，一名男乘客发现伊万卡后，立即冲上前来破口大骂，并揶揄伊万卡“怎么会在我们的班机上，她应该坐私人飞机才对”。

在整个过程中，伊万卡和丈夫表现得很冷静，也很有礼貌，她一直陪孩子说话，一边和孩子用蜡笔作画努力转移孩子的注意力，一边则和走来的空姐说道：“我并不想把这当成一回事。”事后，该男子被乘务人员请下飞机，而伊万卡和丈夫并没有受到什么影响。事后有媒体采访时提到了这件事，伊万卡微微一笑，根本就像没有发生过一样，并认为这只是一个小意外，也没有在媒体面前抱怨那位不礼貌的“攻击者”。

2017年1月8日，著名演员梅丽尔·斯特里普在第74届美国电影电视金球奖上获得了终身成就奖，接着她针对特朗普讽刺残疾人的事件发表了讽刺性的演说：“今年有一段表演令我感到震惊。这并不是因为它是好的表演，它没有任何好的方面，而是因为它很有效地达到了目的。这段表演让目标观众露齿而笑。这段表演是要坐上我国最为让人尊重的一个位置的人对一个残疾人记者的模仿。这个人占有特权和武力上的优势，看到那一幕使我心碎，至今仍在我脑海中萦绕，因为这不是电影里的场面，而是真实的生活。”

在梅丽尔·斯特里普说这段话的时候，伊万卡正好就坐在台下，作为特朗普的女儿，她自然也为这些话感到震惊和伤心，可是她并没有像父亲一样与对方进行对喷和互撕，而是保持沉默。后来有媒体让伊万卡谈论一下梅丽尔·斯特里普讽刺的这件事，伊万卡并没有进行指责，而是非常大度地表示对方只是说出了自己的想法和观点而已。

相比于特朗普睚眦必报的性格，伊万卡显得更为大度、更为宽容，她并不喜欢与人针锋相对，并不喜欢把人际关系搞得很僵，有可能的话，她更加愿意大事化小。此外，当面对那些自己看不惯的人和事时，特朗普常常嘴巴不饶人，在言语上表现得过于直接和犀利，结果很容易伤害和得罪人。但伊万卡会分外小心，而且也会以更加包容的心态来看待那些自己可能不那么赞同的事情，她更加懂得换位思考，更加懂得站在别人的立场上想问题。

最明显的一点就是最近几年来她对媒体态度的转变。事实上，在多年前，伊万卡一直很少在公众场合露面，对于媒体更是采取躲避姿态。之所以会这样，就是因为媒体在她童年时代留下了很多阴影。毕竟在父母离婚的时候，每天都有很多无良媒体来骚扰自己，这让她感到痛苦和煎熬，所以在很长的一段时间里，她都非常反感媒体，更是对记者充满了仇恨。

当面对记者而避无可避的时候，伊万卡要么保持沉默，要么显得很不耐烦。而且每次记者提出和家庭有关的问题时，她就像刺猬一样，非常警觉且反感。有一次有人追问她对自己最小的弟弟有什么看法时，她说："我觉得他非常可爱，我爸爸是不是给他换尿布，这些关别人什么事？"这些不恰当的言论的确让她消了很多怒气。

可是当她接触的记者越来越多时，慢慢意识到并非所有的记者和媒体都心怀恶意，重要的是那些记者每天在外蹲点，也是为了工作，他们需要在第一时间收集到最完整的信息，需要依靠这些信息和新闻来挣钱养家，这是他们的职业，而她必须懂得体谅和理解这份职业。所以现在的伊万卡在面对媒体采访时显得更加配合、更加温和，也更加从容不迫。

实际上，随着年龄的增长和阅历的增加，伊万卡在为人处世方面变得越来越温和、越来越理性。很多时候她愿意为别人着想，愿意站在他人的立场上说话；很多时候她则表现得更加释怀，尤其是对发生在自己身上的一些事情保持包容心。她开始以一种包容的心态来对待生活，对待身边的人，哪怕那些人曾经伤害过自己。

比如，伊万卡的第一任继母Marla Maples，这个女人就是当年特朗普和伊凡娜离婚的罪魁祸首——据说在滑雪场上，Marla大摇大摆地出现在母亲伊凡娜的面前，并且不无讽刺地说："你好，我是你丈夫的情人。"这句话让伊凡娜始终耿耿于怀，而伊万卡童年的幸福生活也因为这个女人而遭受了重创。在Marla和特朗普结婚后的很多年里，伊万卡几乎没和对方说过什么话，她的兄弟们更是对这个继母恨之入骨。

有人曾试图挑拨离间，希望伊万卡和兄弟能够将Marla Maples当成永远的仇人来对待，一些不怀好意的媒体更是乐于见到这个复杂的豪门上演各种明争暗斗。可是随着伊万卡渐渐长大，发现自己渐渐有些释然了，虽然她坦言自己可能永远不会原谅Marla，不会与对方和解，哪怕对方如今已经和父亲离婚了，因为一旦原谅对方就意味着对母亲伊凡娜所承受的痛苦的漠视。"我可能永远都不会原谅Marla。她是一个好人，我也很喜欢我的妹妹蒂凡妮。"

实际上这么多年来，伊万卡虽然不喜欢Marla，但是却一直都在想办法帮助Marla的女儿蒂凡妮，不仅将生意交给对方打理，还和丈夫一起积极给她介绍男朋友，而这个男朋友就是杰瑞德弟弟网络公司里的职员。

而对于现任继母，伊万卡非常宽容地接纳了她，尽管同样是继母，但是她觉得自己更应该给予祝福。而且正如她在接受采访时所说："Melania（特朗普的现任妻子）不同，她没有破坏过我的家庭，她没破坏我爸妈的关系，接受起来容易得多。"虽然听起来有些"勉强"，但实际上，据知情人士透露，伊万卡和这个继母的关系比较融洽，两个人无论是在公开场合还是私底下都有不错的互动，而且也经常相互赞美，伊万卡大度、得体的表现也赢得了父亲特朗普的欢心。

有人曾经说过，一个人最美丽的地方不在于她的外貌，而在于她的内心，在于她的修为。宽容就是一种修为，是一种美德，是一种气度，更是一种境界，而一个具有博大胸怀的人往往能够赢得别人的关注和信任，能够收获他人的爱戴和尊重。

5.团队精神——赢得尊重的前提

开始一个新的事业相当于坐上一辆激情的过山车，有一个好的伙伴与你一起前行会使一切变得不一样。

——伊万卡·特朗普

如果说伊万卡拥有一个有钱的父亲，这为她积累了很大的先天优势，那么伊万卡后天的努力以及个人的特质则为她的成功奠定了基础。而在这些成功的特质当中，有一点至关重要，那就是合作精神。比如，我们都知道伊万卡是一个非常有想法，也很有追求的女人，无论是在生活还是工作当中，她都希望获得更大的成就，她在事业上开拓了很多路子，仅仅是伊万卡品牌中，就有五六个不同的产品项目，这意味着她必须花费巨大的人力、物力去投资和管理。

而伊万卡的时间向来很宝贵，尽管她在时间管理方面做得非常到位，但是一个人想要在多个领域进行投资，仅仅依靠个人的财力和精力还是比较困难的，因此伊万卡选择的是寻找合适的合作伙伴，通过合作的方式来减轻投资的压力，并且通过优势互补原则来实现业务的发展和扩张。

实际上，仅仅在时尚这条产业链上，伊万卡就拥有珠宝、香水、手袋、鞋子、衣服等几大分支，而且每一项几乎都经营有方。这所有的一切并不是个人能力可以办到的，伊万卡所依靠的就是合作伙伴。了解伊万卡公司以及运作方式的人都知道，很多投资都是她与其他公司依靠强强联合的策略进行的。比如，她推出的微波炉快餐产品，就是与食品巨头ConAgra公司合作的；伊万卡履鞋系列则是和Marc Fisher鞋业进行合作的；伊万卡手袋系列产品则是联手手袋与配饰大亨Mondani完成的；此外，伊万卡还携手Fleet Street Ltd.一起推出了成衣系列产品。

在这些产品的生产和销售过程中，伊万卡从来都不是独自面对的，她和其他公司或者合伙人结成了强大的商业同盟，双方共同出资，并且利用各自的优势以及相关资源为产品的销售提供必要的支持。比如，伊万卡不仅出资，而且模特出身的她还亲自担当公司产品的代言人；而其他合作伙伴则在资本、品牌影响力和销售渠道方面提供更多的帮助。

在帮助父亲拓展国际业务的时候，伊万卡同样采取合作策略，如当她准备在迪拜进行投资的时候，她接受了媒体的采访，并提到了自己的合作伙伴："来过（迪拜）几次，我喜爱这里的文化、传统，迪拜的人们非常热情。迪拜本身就是一个珍宝，我非常荣幸可以把我的作品带到这里。我相信会在海湾地区成功，因为这里的人们需要这种强有力的珠宝来展现他们的风格。我们计划今年秋季在中东地区卡塔尔、阿布扎比、巴哈林、科威特等地登陆，并且与著名的时尚品牌哈维·尼克斯（Harvey Nichols）合作，在迪拜和沙特阿拉伯展开店中店。”很显然，这一切的商业计划都是建立在合作的基础上的。

在公司内部，伊万卡还拥有自己的团队，他们不仅仅是自己的下属，还是自己赖以生存的帮手，因此她非常重视和团队成员搞好关系。伊万卡曾经说过，在童年时代，父亲就开始重视培养孩子们的经商能力，不仅让她投资股票，而且还主动将她介绍给公司里的人认识。在晚餐桌上，父亲会讨论孩子们将来怎样加入公司的生意，怎样去管理整个公司，而伊万卡必须了解公司到底是如何运作的，需要想办法领导整个团队发展和进步，其中就涉及一个重要的话题：团队精神。

实际上，特朗普总是给人一种独裁者的形象，他看起来自命不凡而且比较专权，似乎不喜欢与人分享自己的想法，也不尊重别人的想法，可实际上并非如此，虽然在很多方面特朗普表现得有些自我，但是在公司里，他还是会尊重团队的价值，会慢慢激励和引导团队成员发挥出自己的作用；同时也懂得怎样去尊重自己的合作伙伴以及客户。“我父亲做事很大胆，所以能自创大公司，我花很长时间观察他怎么工作，然后我创建了自己的公司。当好领导者，你要是看过我父亲怎么激起员工斗志的话，你自己都会被带动起来。”

对伊万卡来说，在社交场合如鱼得水的她，自然懂得怎样带领团队，加上从小就耳濡目染，使得伊万卡成了一个非常好的管理者和团队负责人。在日常工作中，伊万卡非常忙，但她绝对不是那种大小事情一起抓的人，绝对不是那种将权力牢牢掌控在自己手中的人，她认为一个出色的领导者绝对不应该事事都亲力亲为，自己擅长做的事情可以适当多做一些，自己不擅长的工作就要交给别人去做，而且她需要确保自己可以完成那些优先项的工作。

无论是在父亲的集团公司还是在自己的品牌公司里，伊万卡都拥有不错的团队，而她也愿意将权力下放到各个成员手中，愿意倾听他们的想法，愿意做好内部的分工协作，愿意依赖他们的力量。

在这两个团队（父亲的集团公司和自己的品牌公司）中，伊万卡既是一个出色的领导者，也是一个出色的团队成员，她了解自己的优势所在，也懂得运用团队的力量来解决问题。有人曾提到带领团队的问题，伊万卡这样说道："一定要实事求是地评估你的团队，确保你的团队能够强化你的能力，也许更重要的是确保他们能弥补你的弱点。你不能在真空中做事，所以在两边都有一个强大的团队是非常重要且必要的。每当商业环境或者你的目标有所变化，或生意有所发展，他们都是第一线的。"在伊万卡看来，一个好的领导者需要关注他们并给予他们更多的尊重，需要给予他们更多的保障。当然前提是了解这个团队中每一个成员的能力，了解他们的优势所在，了解他们是否能够与自己形成优势互补，只有这样才能确保整个团队的合作天衣无缝，才能确保团队内部形成足够的默契。

有人擅长设计，有人擅长营销，有人擅长会计，有人擅长管理，伊万卡会根据每个人具备的特点和优势进行任务分配，然后将所有的人统一起来进行管理，这样就可以确保内部分工的合理性。当然，为了确保团队的协同一致，伊万卡还非常注意与队员之间进行沟通交流，实际上，伊万卡每天都会和团队成员开会，大家一起探讨产品设计、销售等问题，通过交流来确保公司的产品始终在最合理的轨道上运作。

伊万卡在接受采访时说过这样一段话："我认为在经历了这样一段旅途之后很难不变得更好，你看，我父亲就是一个例子，数以百计的美国人，他们跟你说关于他们的奋斗、他们的挑战，他们与你分享最亲密的故事，你通过不同的方式跟这些人联系，然后你就成长了。"在她看来，分享是团队内部的一个重要交际策略，也是不可或缺的一种行为，它不仅仅是为了实现利益共享和信息共享，更重要的是在内部形成一种良好的合作氛围，它能够增进团队成员之间的感情，能够保障内部的统一，使得大家都为同一个目标而努力，使得大家都在为共同的利益而奋斗。

伊万卡平时会参与产品的设计，但是她却经常将功劳归于自己团队的成员："和我一起工作的设计人员都非常专业，他们有能力激发我设计珠宝的灵感和想象力。我痴迷于自己设计草图，并且在定稿之前做一些修改。"这不仅仅体现出她谦逊低调的良好品质，而且体现出作为一个女性企业家和管理者该有的素养。

可以说，正因为伊万卡具有团队意识，善于运用团队力量，且能够尊重团队成员，才使她的品牌可以获得良性的发展，并且产生越来越大的影响力，她也得以慢慢拓展自己的商业版图。而在培养团队精神方面，伊万卡曾经想出了一个好办法，那就是经常在特朗普酒店前的中心公园里跑步，而且叫上几百名员工一起跑步，其中有两个同事则会进行贴身伴跑。这种"团队跑"有效地促进了她与员工之间的关系，也强化了彼此之间的团队意识，员工们都在社交软件上表示："她组织跑步就像是开会，当有员工从她身边上气不接下气地跑过时，都会称赞一下她的工作精神。"

6.协调——权衡利弊，协调各方关系

我试着不追着时间表跑，而是在想把我的时间花在哪里最好、哪里是最需要我的，所以在我的所有工作中，我一直都在努力思考如何平衡我自己，才能使两边公司最终都受益。

——伊万卡·特朗普

《华盛顿邮报》曾经这样形容伊万卡，“她的存在就好比覆盖在尖刺上的软香膏”。之所以会这样评价，原因就在于特朗普说话直来直去，而且有些自以为是，因此常常得罪别人。尤其是考虑到他针对女性、对手以及其他国家所说的那些不合时宜的话，大家对于特朗普的讨厌几乎成了一种文化现象。

对手们攻击他，娱乐明星们奚落他，民众经常举行示威游行针对他，企业家们则处处和他对着干，特朗普经常会因为自己一些无

脑的话或者举动而成为众矢之的。尽管特朗普本人似乎对此毫不在意，但实际上，伊万卡深深明白保持正面形象的重要性，因此她总是想方设法从中斡旋，缓解父亲与其他人的冲突。

需要注意的是，有很多人会指责和批评伊万卡，有很多人照样看她不顺眼，也有很多人愿意将其当成一个野心家，但是很少有什么特定群体会对伊万卡说三道四，很少有人会认为伊万卡是个魔鬼和浑蛋（这些称呼通常都属于她的父亲特朗普）。人们会觉得伊万卡在某些方面做得不够好，或者会觉得她没有在特朗普面前帮助他们，又或者因为特朗普而迁怒于伊万卡，但伊万卡从来没有因为某种立场或者某种表态而得罪人，事实上，她在努力改变和约束自己的父亲，也在努力化解那些人与父亲之间的矛盾，考虑到她是特朗普的女儿，做到这一点已经很不容易了。

实际上，就连特朗普的对手们也都认为伊万卡是一个很好的姑娘，是一个非常有教养的人，如果说有什么渠道可以缓解双方的矛盾，那么有一种可能就是伊万卡。这些年，大嘴巴的特朗普得罪了不少人，也树立了不少敌人，而伊万卡则巧妙地从中斡旋，尽量避免事态进一步扩大。比如，当特朗普决定要修筑墨西哥墙来阻挡非法走私的行为时，激怒了墨西哥总统，双方的关系急转直下，但是伊万卡和丈夫一边劝说特朗普放弃这一方案，一边立即会见了墨西哥总统，希望可以缓解对方的情绪。

在一些法案的制定上，特朗普同样喜欢我行我素，如对于妇女保护权益以及自然环境保护的问题，特朗普更是按照自己的理解和标准来制定政策，而这无疑会得罪很多人，但每一次都是伊万卡站出来调解，适当制约父亲的权力，也成功遏制了特朗普一些棱角分明的演说。重要的是，她会适当协调好父亲与对手们的关系，会尽量避免父亲把事情搞得更僵。这一点，就连特朗普本人也不得不承认“伊万卡是唯一一个能够影响到我的人”。就像在女性产假制度方面一样，伊万卡曾经与父亲有过更多深入的沟通，她直言不讳地表示：“父亲，讲出你内心真实的声音。另外，有理不在声高。还有，请你谈一谈产假问题！”

2017年2月28日，特朗普在华盛顿国会上发表演讲，这是他上台后的首场国会演讲。这场演说之所以引人关注，就在于在整场演讲中特朗普一改往日的犀利风格，措辞和语气温和了不少。以至于很多权威人士都忍不住大呼吃惊，他们甚至评论说：“连疯子都学会用更温和的方式宣讲阴谋了。”但实际上这是伊万卡的功劳，她在父亲开始演说之前就反复嘱托他一定要保持耐性，改变咄咄逼人、有什么说什么的态度，要保持温和的姿态，而这的确让特朗普的讲话听起来更加顺耳了。

在对外事务中，特朗普常常很容易与人产生冲突，而伊万卡善于扮演润滑剂的角色，如一位了解特朗普的人说：“特朗普是一位私人企业家，他倾向于相信近人，其中包括工作同事和家庭成员。伊万卡·特朗普是一位非常耀眼和积极的女性，有着自己的立场和能力，且知道如何亮相于听众。”在他看来，很多陌生人初次接触特朗普，或者在特朗普身边工作，往往会被特朗普排斥，双方也容易产生冲突，而伊万卡则能够依靠自己的判断力、理性、立场来从中协调。

认识伊万卡的人都觉得她有足够的能力将事情做好，有足够的能力解决各种人事纠纷，她看起来就像和所有人都认识一样，几乎可以和所有人成为朋友，同时确保和所有人保持和睦相处的状态。事实上不仅仅是在日常的人际交往当中，在工作方面，伊万卡更是将自己的协调能力运用到了极致。

最明显的一点就是伊万卡是两家公司的负责人，她既是父亲的集团公司里的副总裁，又是伊万卡品牌公司的掌控者，这两家公司虽然没有直接的利益冲突，但是考虑到伊万卡在两家公司都担任要职，且身负重担，她该以哪一份工作为重呢？具体的时间安排又该如何调整？她能否让两家公司都对自己的做法产生认同呢？

对于伊万卡来说，当自己的品牌公司慢慢发展起来之后，她遇到的第一个问题就是该如何平衡好特朗普房地产公司和自己的品牌建设，她该如何分配好这些时间呢？从团队的角度来说，她必须想办法对父亲以及父亲公司的员工负责，同时也必须对自己的公司和自己公司的员工负责。

有一次，电台的节目主持人问她："你知道，我有时候会说说当权的女人，女人在思考关于权力的时候，似乎更倾向于用一种横向的、多维方式去想，男人经常渴望权力，似乎一直都这样，但是男人们经常渴望能步步高升。我想在场的许多女性朋友以及其他在线观看的女性朋友，都梦想能够同时做好两件完全不同的事，而且能像你一样拥有自己的家庭，你已经有两个小宝贝了，还有一个在肚子里……你是如何分配你的时间的？"

对于伊万卡来说，双份的事业加上忙碌的家庭生活，这的确会带来一些不便，但她却表示自己并不是一个牢牢掌控一切的女人，她更加喜欢合理安排："如果有其他人做得更好，那我就不做；如果有项工作我做得不好，我们就需要雇人，那我们就会设法填补那个空缺，所以我一直都在努力平衡自己，开发自己最大的潜能，让自己做尽可能多的事情，而且最终我认为这一定是现实中你能做到的唯一一种方式。”此外，伊万卡觉得自己并没有对两家公司进行区别对待，也没有将两家公司合为一体，而是巧妙地在两家公司中保持出色的工作状态，处理好不同类型的利益，以及不同类型的人际关系。

这样就可以确保自己在不同环境、不同身份和角色下实现自然转换，她不希望因为自己身兼两份工作而破坏自己与同事之间的关系，让人觉得“她在另一家公司做事，不是为我们做事”，不希望因为自己的私欲而影响到其他人的发展，包括父亲的利益。事实上，当伊万卡开始独立创业的时候，很多人对她提出了质疑，即便是特朗普本人也对伊万卡是否能协调好两个公司之间的关系而担忧，尽管他并不想干涉女儿创业，不想过多地影响她去走自己的道路，但是作为一家公司的老总，他必须为公司的利益着想。

对于伊万卡公司内部成员以及那些合作者来说，他们同样不清楚伊万卡究竟能够在两家公司之间形成多大的平衡，不知道她是否会顾此失彼，是否会优先以家族生意为主，或者说会不会感情用事，将两家的利益纠结在一起。最简单的一个例子是，当伊万卡品牌越做越大时，她会不会将这个品牌使用权借给父亲呢？会不会将公司内部的资源分享给自己的父亲呢？尤其是对那些合作伙伴来说，他们有必要维持自己的利益，因此对伊万卡能否做到公平也表示担心。

为了消除质疑，伊万卡首先明确表态将会平衡好工作时间，确保对两家公司都能够投入相同的精力，当然前提是按照两家公司事态轻重缓急做出安排；其次，伊万卡主动向父亲摊牌，双方约法三章，那就是："不用家族名声做宣传，'伊万卡'三个字也不能免费给特朗普集团公司使用，用她的名字都要花钱。"这样就确保了两家公司的利益都不会受到损害，也保证了她可以在两家公司之间保持更加独立、公正的立场。从这方面来说，伊万卡希望能够明确两家公司的界限，能够协调好双方的关系，而不是简单地将两者混为一谈。无论如何，她都需要对父亲公司的股东和高管们负责，同时她也需要对自己的团队负责。

正因为拥有这样的见识，伊万卡始终都和父亲公司的高管以及职员保持良好的工作关系，同时也和自己品牌公司的员工以及合作伙伴保持密切的联系。

实际上，伊万卡从小就表现出了出众的社交协调能力，总能够权衡利弊，协调各方关系。"作为老二（伊万卡有一个哥哥、一个弟弟），伊万卡是个和事佬，也是个调和者，"她母亲伊凡娜如是说，"她还是小孩子的时候，就是个有悟性会做交易的人，是协商员。她能让所有人感到满意开心。"闺密切尔西·克林顿在接受媒体采访时这样评价伊万卡："她总是能留意身边所有的人，想确保每个人都开心，这一点和我爸爸（克林顿）有点像。"而正是因为伊万卡具备出色的协调和组织能力，具备很强的沟通能力，才让她在生活和工作中能够形成强大的朋友圈，能够让她成为大家比较认可和欢迎的人。

7.倾听——永远不要忽视别人的话语权

大多数人花了一生的时间才能在一个行业取得成功。而我父亲在全球范围内的各个行业都取得了高水准的建树。其中一个原因就是他能听取他人的意见。富豪们很少听取他人对于自己工作的意见，而我父亲则是个例外。

——伊万卡·特朗普

无论是面对身边的人，还是对手，他们都会觉得特朗普往往显得太过以自我为中心，大家会认为特朗普在与人交谈的时候往往都是那个主动掌握话语权的人，都是那个张着嘴巴喋喋不休的人，他似乎不习惯于静下心来听别人说话。但是在伊万卡看来，父亲只是非常自信罢了，其实在很多方面，特朗普并不像外界所说的那样独裁和自我，他在工作中也会倾听别人的意见，有时候也懂得尊重别人的意见。或者说，相比于陌生人或者外人，特朗普更容易相信身边的人，包括家人、朋友和同事，特朗普都愿意听一听他们的想法。伊万卡曾经说过：“在他的每个项目中，你都会看到他和主管、油漆工、工程师、电工交谈，询问他们的反馈，了解他们认为事情是否可以另辟蹊径或精益求精。”

对此，她自己也最有发言权，因为在父亲的工作中，伊万卡一直都在扮演一个重要的角色，那就是给父亲提供更好的建议，就是帮助父亲深入讨论各种议题。特朗普虽然并不太愿意别人过多地干涉自己的决定，但是却非常乐意倾听女儿的意见，在很多时候他都会想到让伊万卡参与进来，并希望她能够提出一些重要的建议。正因如此，她实际上也从父亲那儿学习到了一点，那就是养成倾听的好习惯。

比如，在与人交流的时候，伊万卡总是表现得谦逊有礼，总是保持温和的态度，她拥有自己的想法和立场，但却从来不会就此否定和忽视别人的意见，而且与父亲相比，她更加懂得如何充当一个合格的倾听者。无论是在生活还是工作中，她都愿意倾听别人的意见和建议，如在办公时间里，她会乐于倾听父亲的意见，希望从父亲那儿获得更多有关经商、销售和管理的经验；下班之后，她有时候会和丈夫杰瑞德一起探讨工作中的话题，两个人会交换投资的想法，而伊万卡也总是非常耐心和认真地倾听丈夫提供的一些建议。

众所周知，这些年伊万卡一直都在关注职业女性的工作问题，尤其是生育保障和薪酬问题，为了给予职业女性更多的帮助，她一直都在寻求更好的解决之道，而且当父亲特朗普当选美国总统之后，她所表现出来的那种积极性和迫切感更加强烈。不过在针对这些敏感而复杂的社会问题时，她没有自作主张或者想当然地认为这些事情应该怎么去做，而是非常聪明地选择倾听不同的意见。比如，在最近一次，她的好友邓文迪在家中举办了一次聚会，伊万卡在聚会上非常认真且耐心地倾听了女性朋友们的意见和建议，希望她们能够在职业女性的问题上给予更好的想法和建议。

为了广泛收集不同的意见和建议，伊万卡甚至开始利用社交媒体来达到集思广益的目的，重要的是，她对于大家（网友以及朋友）提供的各种想法总是保持充分的包容，总是保持倾听的姿态。

伊万卡曾经说过："我开始探究社交媒体且更为关注社交媒体是在大约一年之前。网络鞋店Zappos的创始人及首席执行官谢家华（Tony Hsieh）向我介绍了如何以一种个人的方式来推动自己公司的核心价值观及核心理念，同时使你能够获得实时的个人反馈的可能性。比如，我今天早上注意到《福布斯女性》在一条推文上向读者征询提问——如果可以提任何问题的话，他们想问我些什么。

"通过我在社交媒体上的努力，我尽力展现我个人品牌的个性化一面，因为人们想要的是真实感。展示我们作为一个家族的个性，就像是家族品牌一样成为可信的凭证。我会将正在装修或正处于设计阶段的某建筑项目大堂的效果图发布在社交网站上，问我的粉丝：'对于这个即将开业的特朗普多伦多大厦的大堂概念设计，你们有何想法？'"

很显然，伊万卡一直都在想办法从别人那儿获得更多的经验和知识、更大的支持和帮助，为此她必须保持谦卑的倾听的姿态，必须想办法让自己扮演一个更加合格的信息接收者的角色。尽管在工作和生活中，伊万卡一直都表现出众，但是她始终将自己定位成一个学习者，始终以一种倾听者的姿态去接受更多有价值的知识。

而更重要的是，她从来都不是那种唯我独尊的人，在她的社交理念里，自己并不是孤立存在的，也不是以核心人物存在的，她乐于看到别人表现自己，也充分给予别人表现的空间。无论是否有必要，她都会表现出这样的姿态："我想听你说一说。"

很多认识伊万卡的人都说过，她是一个非常懂礼貌的人，尽管她有足够的能力成为全场的焦点，但是却经常表现得很低调，而且愿意去倾听别人的意见。大家会发现伊万卡在谈话中有一个很好的习惯，那就是每次在别人说话的时候，保持认真的倾听姿态，而且一定会等到对方把话说完才开口，而不会冒冒失失打断别人的谈话。

尤其是在工作中，她的倾听姿态让人感到佩服，如在父亲的公司里，她会认真倾听其他元老级员工的建议，也会听一听父亲的意见，而在自己创建的品牌公司里，她虽然也会亲自参与产品的设计，但是绝大多数时候都会认真倾听设计师的意见，会认真倾听员工们给出的建议。只要设计师的设计理念更完美，只要员工们提出的建议更好，她就绝对不会妄加干涉，不会刻意打断或者否定别人的想法。

除了倾听内部员工的声音，伊万卡认为一个企业想要做大做强，想要赢得市场的欢迎，那么最重要的就是倾听消费者的声音。比如，很多人提到了特朗普酒店的选址和发展问题，对此伊万卡表示酒店就像奢侈品一样，其标准也是不断变化的，因此需要及时倾听市场的声音，需要弄清楚消费者对于酒店选址和体验有什么要求、期待："我觉得奢侈品是不断发展的，它在不同的市场环境中标准也会随之不断变化，因为要符合不同市场顾客的标准和期望。在房地产行业中，选址总是占据十分重要的地位，当你真的有想法，建造了一座奢华酒店，而终端用户认为他们没有得到一个完美的奢侈体验，只是因为你的酒店选址在一个三线的城市，所以说选址是一个核心原则。”

事实上，早年她就已经表现出了一种过人的优秀品质：注意力非常集中。这一品质至关重要，那些与之沟通交流的人都觉得伊万卡是一个认真倾听的人，是一个非常诚实、可靠的朋友，她展示出了那种最基本的关心和尊重，而这恰恰是赢得他人信任的关键。不仅如此，专注倾听别人，可以让她在交流的过程中能够准确收集到每一个关键的信息，也让她表现出了良好的社交态度。正如伊万卡所说：“（倾听）这是一个领导者该有的能力，领导者需要吸纳尽可能多的、多元化的信息，然后再做决断，这是成功者所必备的。”如果想要让公司发展得更好一些，那么就需要通过倾听来集思广益，就需要通过倾听来提升自己的判断力。

第七章

任何时候都要让自己变得更有魅力

悲观的人就是毒药，我更爱乐观的人——但不是指那些看不到挑战的人。乐观主义者是积极解决问题的人。

1.自然真实——在随性中活出人生的新高度

其实我一直都是一个女汉子，虽然穿得很女性化，但行事非常男人。

——伊万卡·特朗普

很多采访过伊万卡的记者以及主持人都说过一句话："特朗普家的这个女孩浑身散发着迷人的气质，你可以感觉到她是一个如此自然的存在，你甚至丝毫感觉不到她会刻意掩饰什么。"这也是多数人愿意采访伊万卡的原因，因为和伊万卡往往可以进行更加深入的探讨，可以对一些更容易隐藏的话题进行访问。在他们看来，伊万卡很少会将自己包裹得严严实实，她所展示出来的一切都是那么真实和自然，就像是一次最简单、最轻松的交谈。

尽管有时候她努力想要在别人面前表现得更好一些，想要尽可能不犯任何错误，尤其考虑到她是一个公众人物，她更需要懂得展示出完美的一面，因此必要的修饰有时候也是不可避免的，但是她很不喜欢那些面具，也不想活在面具的背后。相比于每天都对自己进行装扮，相比于每天压抑自己真实的想法去生活，她愿意让自己表现出更加自然的那一面。

她曾经说过模特是最黑暗、最肮脏的职业，因为那些姑娘在台前总是把自己打扮得非常光鲜美丽，可是在幕后却有很多见不得人的钩心斗角，有很多让人难以启齿的“潜规则”，也有很多让人感到恶心的装模作样。她认为模特们都是戴着面具生活的，她们不可能像其他人那样可以开怀大笑，可以无所顾忌地和最好的朋友进行交心，可以大胆地谈论自己感兴趣的东西，在这个行业，一切都是隐藏的，一切都是经过精心修饰和伪装的，为的就是将最好的一面呈现出来，将所有的丑陋掩盖得一点儿不剩。

在几年的模特生涯中，伊万卡既看不惯那些黑幕，也看不惯那些虚情假意和完美的掩饰，她在里面觉得非常压抑，尽管她获得了空前的关注，也挣到了一大笔钱，但这些都不是她最想要的，她不想长久地活在一个满是伪装的世界中，不想每天都束手束脚、装模作样地生活，对于一个渴望自由且表现真诚的女孩来说，这一切都让她感到失落和压抑。

毫无疑问，这个从小就没有将自己当成公主来看待的女人，更喜欢表现得自然一些，更喜欢不加修饰的生活，更喜欢结交那些内心真诚的朋友。尽管有时候她也不可避免地要注重在别人面前展示最好的一面，但很少会刻意而为之，相比之下，自然随性才是她最大的风格，也才是她渴望的一种活法。

最明显的莫过于她的装扮，事实上，作为一个财富和美貌都很惊人的女人，她并不喜欢刻意装扮自己，这种心态也就导致了她几乎很少穿戴一些非常昂贵和夸张的珠宝出门，除了参加一些重要的活动（结婚或者重要的晚宴），她的装扮总是比较随意自然。比如，她平时出门散步或者旅游，根本不会将自己武装成T台秀上的时尚风格，虽然当她平时出现在公众场合时同样显得光彩照人、打扮入时，但那些衣饰往往都是自家品牌的产品，价格也非常亲民，而且搭配起来也很自然。虽然从青春期开始，她就和其他女孩子一样追求漂亮，也会购买一些名牌衣服，但事实上她很少穿在身上，而且即便是穿起来也散发出一种独特的自然魅力。

母亲伊凡娜曾经说过："我的女儿无论穿什么衣服都会很漂亮，因为她看上去总是那么自然大方，她能将一切衣服和裙子穿出味道来。早在她几岁的时候，我就发现了这一点，我甚至都不用特意为她挑选衣服，不用特意把她打扮得漂漂亮亮的。"

不仅仅是穿着上不那么挑剔，伊万卡说自己甚至没有吹风机，如每天早上她离开家准备去上班时，总是让湿头发披散下来自然干。这样的生活在其他夫人看来几乎是不可想象的，但对于伊万卡来说，最重要的就是保持自然和一种随意的状态，而不必刻意去强求什么。她非常喜欢那种全身心放松的样子，喜欢那种不加修饰的自然状态，并且认为那样才是最美、最真实的。

所以她会像普通的母亲一样陪孩子玩耍，会陪着孩子在地上爬来爬去，会像一个全职保姆帮孩子换尿布、洗衣服以及做饭，尽管她是一个千金大小姐，是一个成功的女商人，但是她更希望自己可以像其他普通女人一样，去照顾家庭，去享受生活，去表现得更加自然随性一些，因为去掉那些高贵的身份、高大上的头衔以及良好的名声，她本质上是一个女人，是一位妻子和母亲，她所要做的就是在日常生活中自然而然地展示这一切，而不是将自己武装成一个不食人间烟火或者高高在上的女神形象。

所以她并不介意在网络上同别人分享自己真实的生活，她一有空就会在工地上开挖掘机，这可能会让她的淑女和名媛形象毁于一旦，但她根本不在乎。有时候她会贴出自己在厨房满手油污的照片，有时候会晒出自己外出旅行的素颜照，有时候则是和孩子在地上一起打滚的生活照。这些照片都是自然状态下拍摄的，所展示的也都是一些生活片段，对此，她丝毫不担心自己的形象会受到影响，也丝毫不担心自己会因此而受到批评和指责。

她一直都希望自己和平常人一样生活，也把自己当成普通人来对待，因此她会和普通人一样出去散步和购物，也会和普通母亲一样在网络上晒娃，而且也和普通人一样追星。事实上，虽然丈夫杰瑞德是伊万卡心中最爱的人，也是她心中的白马王子，但是伊万卡认为世界上最帅、最有魅力的男人是蝙蝠侠的扮演者克里斯蒂安·贝尔，而演技派男星杰昆·菲尼克斯在她看来也非常性感。作为一个粉丝，这样的追星表现让很多人觉得她真的就是一个很平凡的女人。

而在社交中，那些与伊万卡有过接触的人都认为她是一个非常亲和、容易相处的人，而这种亲和力首先就源于她有一颗追求自然的心，即便她是一个有钱人，即便她是一个非常成功的女商人，但是她依然活在最真实的生活当中，她并没有刻意在媒体和社会公众面前将自己装扮成一个完完全全的女神形象。她从来不觉得自己是什么富家千金，也不觉得自己的富人身份会有什么不同，在日常生活中，她所表现出来的那些言行都是自然平和的，毫不矫揉造作。

事实上，在这方面，伊万卡和老爸特朗普有一些相像，两个人都不喜欢在别人面前遮遮掩掩，如果说特朗普是一个性格直率、有什么说什么的人，那么伊万卡就是一个自在散发温和魅力的人，特朗普的“真”体现在他言语的坦率上，而伊万卡更多时候则散发出一种气质，一种非常迷人的自然特质，她不是那种完全与俗世隔绝开来的女神形象，而是一种从容入世但是又保持真实的生活形象，而这样的形象不仅更容易让人亲近，也更容易凸显出她独特的个人魅力。

有人曾经问伊万卡：“你对媒体密切关注你的一举一动感觉如何？”伊万卡非常坦然地回答说：“在大部分时间里，我都生活在‘金鱼缸’中任人观赏，我生来就是这样，即使在《学徒》节目开播之前，我的父母就已是知名的公众人物了。这便是我的童年经历。我的父母的确尽了他们最大的努力来保护我们，而且我们那些会引起公众更多注意的事项的决定都是在明白这样做的后果的前提下作出的。我所遇到令我‘大开眼界’的现实之一，就是当你成为一个建立并推广品牌的公众人物时，试图维持私人生活所面临的不便之处。”

也许可以这样说，正是由于自己时刻被曝光在媒体的聚光灯下，时刻被曝光在大众的眼前，因此她根本就没有想过要隐藏什么，一切保持自然随意反而不会让自己过得那么虚伪、那么痛苦。

2.知性优雅——完美展示内在的涵养

我喜欢和朋友们一起开心，晚上出去玩，但你绝不会看见我在桌面上跳舞，或者在纽约游廊8（Bungalow 8）这样的夜店外酩酊大醉。

——伊万卡·特朗普

如果看看那些人对于伊万卡的评价，就知道这位千金大小姐的人气和民意绝对比她父亲特朗普要高出很多，至少相比于他父亲那些拙劣的社交表现，伊万卡的表现就将其父亲远远抛在了身后。这种对比首先就体现在言语和气质上，毕竟一提到特朗普，很多人更愿意将其看成一个口袋里很富足，但是精神上很贫乏、言语上很粗鲁的人，他们在私底下或者公开场合都称特朗普为魔鬼，但是却认为伊万卡是一个气质出众的人，而且是一个很有见识且非常优雅的人。

伊万卡的高中同学沃尔曾经给出这样的评价："我一直都觉得她父亲很俗气，但是她优雅、时尚、坚强。"美国一家时尚杂志曾经引用伊万卡朋友的话说："在美国，一半人恨她（伊万卡）爸爸，一半人爱她爸爸。爱她爸爸的那一半，当然也爱她。但恨她爸爸的那一半也爱她，因为她不像她爸爸。"

希拉里的女儿切尔西·克林顿一直都是伊万卡的闺密，尽管希拉里和特朗普在2016年的总统大选中相互竞争，而且双方撕破了脸皮，连原先的亲密朋友也没得做了，但是切尔西·克林顿还是忍不住在公开场合赞美母亲政敌的女儿："我们是无话不说的闺密，伊万卡一点儿都不肤浅。我觉得这是很难得的，因为像她这么漂亮的人，可能都会非常肤浅。"

另外一个同学说得更加贴切："伊万卡是一个非常优雅的人，她还是一个学霸、一个成功的企业家，重要的是她的谈吐让人觉得高端而亲切。" "她永远知道如何守住自己的立场，同时不失优雅。"在她看来，伊万卡就是一个浑身散发着知性优雅的女人，她在举手投足之间、在穿衣打扮、在谈论事情以及做事的方式方法上，都散发着一种知性的魅力和优雅的气息。

在很多网站以及杂志上，对于伊万卡的介绍或者评论性语言中，往往会更多地提及她"知性优雅"的一面，有家媒体曾经对伊万卡作出分析，认为伊万卡在前十几年之所以备受瞩目，是因为她是特朗普的女儿，是因为她拥有特朗普的姓氏，还因为这个家族在娱乐圈和时尚界的影响力，然后她成为模特，开始正式树立自己的形象，她开始从家族身份中梳理自己。而当她成为副总裁以及品牌创立者的时候，个人的知名度才真正得到认可。但是在这整个成长过程中，伊万卡的知性优雅始终被人关注，她看上去非常有魅力。可以说这种知性优雅的气质始终贯穿她的生活，并且这些生活经历也让她的气质更加出众。

这种知性和优雅的气质首先来源于家教，虽然出生于富裕家庭，但是家中的规矩一直就有很多，孩子们都必须严格遵守，身为女孩的伊万卡也不例外。比如，父母亲就不允许她穿暴露的衣服，不允许她在酒吧或者夜店里表现出什么狂野的举动，不允许她出现什么不礼貌、不得体的言行，如果伊万卡外出时做了什么不好的举动，就会被父母训斥。按照父母的要求，伊万卡从小就被当成未来纽约名媛的风范来培养，因此她的一举一动都应该符合一个千金大小姐的身份，应该符合特朗普家族的地位。

良好的家教对伊万卡个人的成长以及成长过程中言行的约束起到了很大的作用，而读书则进一步对知性优雅气质的形成起到了强化和引导的作用。作为千金大小姐，伊万卡和父亲一样，一直以来都是一个非常努力的人，不仅如此，由于良好的学习态度以及出色的成绩，使得伊万卡接受到了全美最好的教育。无论是在乔特罗斯玛丽霍尔中学还是乔治敦大学、沃顿商学院，伊万卡都接受了最顶尖的教育，这不仅开拓了她的视野，丰富了她的知识，也让她变得更有涵养。很多特朗普的朋友都认为伊万卡是一个非常有素养的人，谈吐非常优雅自信，而且知识量丰富，这些都是需要以出色的教育背景作为基础的。

另外，模特生涯和职场经历也是促使伊万卡变得更加知性优雅的原因。实际上，虽然伊万卡并没有继续在模特这条道路上走下去，但她也无法抹杀模特生涯对自己的影响，毕竟作为专业的模特，言谈举止都有特定的要求，也经过特别的培训，这让伊万卡在人前总是表现出一种不同常人的气质。比如，很多人认为伊万卡精致的面孔就像中国瓷娃娃一样可爱，身材很棒，双腿修长，走路的姿势非常优雅，就像深谷中的幽兰一样散发独特的魅力，使得她在举手投足间颇具名媛气质，这就是模特功底的展示，朋友们也都认为当模特让伊万卡看起来更加有魅力了。

事实上，作为曾经的模特，伊万卡当仁不让地担任了各个广告的代言人，而且拍出来的商业大片完全不输顶级超模。而且伊万卡还为自己的品牌做代言，气场丝毫不输大牌明星，举手投足间都透露着优雅的气质。

除了模特生涯之外，在父亲公司里担任副总裁的经历也让她对自己的言行有了更高的要求，毕竟和过去不同的是，当她在集团公司担任要职时，所代表的不仅仅是个人，更是父亲以及整个集团公司的形象，因此她必须确保自己能够保持最佳的个人状态，这不仅仅体现在工作能力和状态上，还表现在对个人形象的塑造和保持上。比如，特朗普曾经要求公司的女职员穿得更像女人一些，要求女职员必须保持良好的形象，作为负责对外事务的女一号，伊万卡更加会以身作则，时刻注意自己的言行、装扮以及做事的方式。

实际上，我们经常可以见到伊万卡接受媒体的采访，而在采访的过程中，伊万卡应答自如、言语得体、表现优雅，完全符合千金大小姐、女商人以及沃顿商学院高才生的身份，她看上去就让人觉得很舒服。非常巧妙的是，伊万卡说自己的偶像是以知性优雅著称的摩纳哥王妃格蕾丝·凯莉，这位王妃曾经赢得了世界性的赞誉，伊万卡在诸多方面都在向偶像学习，在言谈举止和气质方面自然也会向对方靠近。

而伊万卡依靠这种独特气质不仅吸引了很多人的关注，赢得了很多人的信任，优雅的伊万卡·特朗普更是赢得了很多时尚杂志的青睐，多年来更是频频登上*Forbes*、*Golf Magazine*、*Avenue Magazine*、*Elle*（墨西哥版）和*Harper's BAZAAR*等时尚杂志的封面，需要注意的是，这个时候她已经不仅仅是因为过去的模特身份而登上杂志。不仅如此，她曾被男性时尚杂志*Maxim*评为“最性感的100位美女”的第83名，这几乎是对她最大的肯定，而这种性感不仅仅考虑到个人的长相、身材（伊万卡在相貌和身材上同样不吃亏），重要的是一种气质，毕竟世界上有很多漂亮的明星、模特，但是具备优雅和知性气质的人并不多见，伊万卡实际上正是用自己的知性和优雅获得了大家的认可。

3. 自信——我就是那个最强大的人

我和我弟弟开玩笑说，如果我和他与十个银行家一起开会，而且都将各自的名片发给与会的银行家的话，之后这些银行家往往会首先给我回电话。在人群中引人注目对我来说从来都不是问题。

——伊万卡·特朗普

在第一眼见到伊万卡的时候，可能很多人都会产生这样的感觉，“这个女人非常有自信。”从容不迫的谈吐、大气的装扮、淡然的微笑、优雅的举止，这些都让我们相信她具备那种掌控全场的能力，让我们相信她具备那种成为全场焦点的能力和资本。媒体杂志认为她就像一个女王一样，虽然看上去并不高调，但是那种自信足以震慑所有人。

而人们在提到伊万卡自信的时候，通常都会认为伊万卡遗传了父亲特朗普的一些特质，毕竟特朗普这个姓氏的光环太耀眼，但实际上伊万卡的母亲伊凡娜也不遑多让，她对于伊万卡的影响也绝对不亚于特朗普，而她的个性同样突出，她同样具备了成功者那样的自信。作为一个女强人，伊凡娜一直都告诫伊万卡："无论何时都不能丧失自信，一个成功的女人要学会平衡身为母亲、妻子、主管等种种角色之间的关系，还要照顾好自己。"而她自己就是这样做的，她就是一个极度自信的女强人。

比如，当前夫特朗普当选美国总统之后，伊凡娜竟然向捷克政府毛遂自荐"出任美国驻捷克大使"。伊凡娜当时是这样解释的："我来自那里，我精通那里的语言，而且那里的人们都认识我。我在全世界都享有很高的知名度，可不仅仅是在美国。我出了三本书，被翻译成25国语言销往40个国家。我以'伊凡娜'的名字为大众所熟知，我真的不需要特朗普这个姓。"

为什么一个离婚的女人敢于说出这种狂妄的话？其实这并不是狂妄，因为伊凡娜原本就具备那种资本。1949年2月20日，伊凡娜出生在布拉格郊外的一个小镇家庭，由于是早产儿，她的先天体质不太好，于是父亲就要求她多锻炼身体。正因如此，从两岁开始，伊凡娜就开始学滑雪和游泳，6岁加入滑雪协会，12岁进入少年体校训练。在担任专业滑雪运动员期间，伊凡娜广交朋友，学会讲流利的英语，还在布拉格查理大学拿到了心理学和语言学双硕士学位。

22岁时，她和加拿大籍男子结婚，并且开了一个小店，拥有经商天赋的她很快就厌倦了这种生活，于是干脆进入了加拿大顶尖皮草公司当模特，晚上再到夜校学英语，苦练口语。后来，她和丈夫离婚，并且在酒吧遇到了特朗普，两人一见钟情，迅速结婚，然后她帮着丈夫拓展生意版图。当时伊凡娜既担任Plaza酒店总裁，又负责集团旗下地标建筑的室内设计，每天工作十几个小时。可以说在整个20世纪80年代，她帮助特朗普一同建起一系列地标建筑：凯悦大酒店、泰姬玛哈赌场、曼哈顿第五大道的特朗普大厦，而那一段时间是特朗普地产事业的巅峰期。当特朗普大厦建立之后，她亲自负责装修大厦的门厅，然后在意大利一块一块地挑选Breccia Perniche大理石，结果大家都知道，大厦门厅成为特朗普集团公司的金字招牌。

依靠着出色的经商能力，她帮助特朗普从一个千万美元级别的地产商人摇身一变成为身家数十亿美元的地产大亨，就连特朗普本人也不得不佩服伊凡娜的能力。后来她因为特朗普婚内出轨而果断提出离婚，并拿走了2000多万美元的分手费。离婚之后的伊凡娜说了这样一句名言："最白痴的女人，是等他又结了5次婚，还到处哭诉他忘恩负义，我绝不让自己的生活就此毁掉！"

这种自信让她很快获得了重生，离婚后，伊凡娜自信满满地开始了自己的事业，她先是创办"伊凡娜之屋"品牌，主要用于开发系列高级定制服装、时尚珠宝和奢侈品，并直接通过电视直销。紧接着，她又写了两本畅销小说《孤独的爱》与《自由去爱》，以及一本自传《最好的尚未到来：走出离婚阴影，再次享受人生》，这本自传的出版让美国很多家庭妇女大开眼界，作品也因此一度卖到脱销。不仅如此，伊凡娜还自信地去电影中客串角色。她所做的一切就像她在电影《前妻俱乐部》中所说的那样："不要抓狂，抓住想要的一切。"

很明显，伊万卡在后来的创业经历以及出书和拍电影的经历或多或少都受到了母亲的影响，和受到父亲特朗普的影响相比，伊万卡从母亲身上学到的东西或者遗传到的东西也并不少。伊万卡的弟弟认为伊万卡和姐夫杰瑞德就像是母亲与父亲一样，他们是父母的翻版，其中伊万卡和母亲非常相似，而杰瑞德也同特朗普一样具有大智慧，只不过他觉得伊万卡和杰瑞德要比父母更加低调务实，而不具备20世纪80年代的那种浮夸风格。

她自己也常常公开地赞美母亲气质出众，这种气质其实就是一种自信。她说母亲非常喜欢微笑，而且无论在什么时候都会保持那种让人觉得信心倍增的微笑。而她也是如此，在多数场合下，她都能够保持宠辱不惊的态度，都能够以微笑来淡然地面对，这种表现往往让她看上去气场十足，似乎轻易就能将所有的事情牢牢掌控在自己手中。

在母亲的影响之下，伊万卡在对待生活、工作以及人际关系方面都很有心得，而且从来不知道何为怯场，从来不知道何为恐惧。对于自己不擅长的事情，她会想办法去学习和请教，对于自己熟悉的东西，她总是保持强大的控制力。

事实上，人们注意到一个细节，当伊万卡在接受采访的时候，无论主持人提出多么刁钻的问题，她总是保持镇定，而且几乎能够在短时间内做出回答。很多采访过伊万卡的主持人都认为，伊万卡镇定得让人感到惊讶，她丝毫不对外界的伤害和攻击感到恐慌，看上去那些伤害就像丝毫不起作用一样。通过她的微笑和言语，人们就会发现她几乎都没将那些当成一回事。

在工作中，这种自信更是让人敬佩。虽然特朗普也很自信，但那种自信是建立在他多年的经验尤其是成功经验的基础上的，他有时候显得有些固执和冥顽不灵，而且容易犯自大的毛病。但伊万卡的自信是内在的、温和的，人们可以看出她的确是信心满满、胸有成竹，而不是依靠强势的、高调的语言来装饰。事实上，她总是能够顺利解决问题，也常常会提出各种非常合理的建议，而不是表面上的夸夸其谈。很多人在询问特朗普有关地产生意的问题时，特朗普通常的说辞就是"我很富有"。而伊万卡则霸气侧漏地说："就我们家族品牌的实力来说，我们主要的限制只有地心引力和想象力。"

有人曾经问她如何定位自己在集团公司的角色，她认为自己的角色和任务不仅仅是帮助父亲解决问题，而是要带领集团公司走向世界，要达到一个新的高度。至少从目前来看，她在工作中的表现非常棒，特朗普甚至满意地说"她的表现远远超过我的预期"。而在自己的品牌经营上，伊万卡同样底气十足，她一直期待着将自己的品牌延伸到各个时尚领域中，如今，珠宝、皮包、鞋子、衣服等各个领域，她都有所涉猎，而且她还将自己的公司开到中国去。

很多朋友都认为伊万卡身上有着一种非常迷人的特质，而公司里的人则认为伊万卡具备领导者那种强大的魅力，只要她一出现，就总是气场十足，就总是让人感到能量十足。很多员工表示，与伊万卡一起工作多年，他们很少会看见她因为什么困难的事情而愁眉不展，很少因为遇到什么挫折而心事重重，在多数时候，他们看到的伊万卡都是保持微笑，都是一副胸有成竹的样子，"她天生就具备那种领袖的气质"。父亲特朗普也认为女儿就像一个永远不知道退缩和害怕的人，她从不担心自己所遭遇到的麻烦。他私底下曾经对别人说过，只要女儿在身边，很多事情就会变得轻而易举，因为她看起来就给人一种非常有信心的感觉。

有一次，别人问她成为一个女性企业家有什么感受，伊万卡的回答是："如果一屋子都是银行家，而且大多数都是50岁左右的男人，那么他们大概都会听我的，所以有时特殊一点也还不错。"这种自信并没有让人觉得张狂，也不会有人觉得她在胡说八道。伊万卡的信心并非毫无道理，她的确具备这样的能力和魅力，至少从以往的表现来看，她的确做得非常好，她总是能够赢得身边人的信任，也总是能影响到身边人的想法，这一点可能连特朗普也要自愧不如。

《福布斯女性》曾经采访过她，并且询问她作为一名成功的谈判者及交易决策者，所需具备的特质是什么，伊万卡回答说："基本上，你需要天生具有察言观色及理解他人的本能。你需要具备自信，这一点可能是先天具有或后天培养而成的。如果你不培养自信的话，就很难在谈判时获得尊敬。做好谈判前的功课。准备最为充分以及资讯收集最齐全的谈判者总是最具有竞争优势的。另外极为重要的是，尽力充分了解对方在谈判结果中最看重什么。这往往是你不看重或珍视，并可轻易做出让步的某些方面，这样你即使让步了，但仍然可以实现自己的目标。

"我认为，在开始谈判前，先设定你自己的目标，这也是非常重要的。我的许多朋友总说，她们想要求加薪。我就会问她们：'那你想得到怎样的薪酬呢？'而她们往往回答说：'我不知道。'每当你走进一个交易谈判场合时，你总应该明白你的最终目标。"

对伊万卡来说，自信可以让个人在生活和工作中获得更多的机会，可以让自己掌握更大的先机，因为多数人更尊敬那些自信的人，多数人都对那些自信的人产生依赖感和信任，而这恰恰也是她个人的经验之谈。

4.乐观——人生没有什么困难是解决不了的

悲观的人就是毒药，我更爱乐观的人——但不是指那些看不到挑战的人。乐观主义者是积极解决问题的人。

——伊万卡·特朗普

对于绝大多数人来说，当他们身处逆境的时候，当他们遭受挫折的时候，当他们面对困难感到沮丧且无能为力的时候，当他们抱怨这个社会对自己不够公平的时候，他们总是幻想着给自己的人生加上一个“如果”。

“如果我出生在富可敌国的家庭，拥有一个非常富有的老爸；如果我拥有完美的身材和漂亮的脸蛋；如果我找到了一个可以托付终身的另一半；如果我可以找到一份更好的工作；如果我能够成为全世界关注的焦点，那么我将会成为什么样的人呢？”当所有的“如果”都叠加在一起的时候，我们会突然发现自己变得更加脆弱、更加恐惧、更加绝望。

在伊万卡看来，没有什么困难是不可以解决的，没有什么障碍是不可跨越的，没有什么挫折是不可以承受的，相比于在困难面前长吁短叹和退缩，她更喜欢接受这些挑战，更喜欢想办法去解决难题，正如她在鼓励员工时所说的那样："我们的工作的确很辛苦，但我们不纠结。与其被挑战困住手脚，不如更专注于寻求解决的方式。"

很多人觉得伊万卡出生于富裕家庭，从小就没有什么压力、没有什么挫折，她自然可以更积极地面对生活，但事实并非如此。无论是父母离婚后造成的困扰，还是工作中遭遇的挫折和障碍，都曾让伊万卡感到压力重重，但是天性乐观坚强的伊万卡从小就不知道何为放弃，她总是保持非常乐观的心态看待一切。

就像她在父母离婚之后，曾经陷入巨大的疑惑之中，她恐惧生活，害怕自己会失去所拥有的一切，而且开始不相信别人，但是在经过一段时间的调整之后，她慢慢意识到生活并没有变得像想象中那么糟糕，也意识到自己完全可以让事情变得更加明朗一些。所以她慢慢走出了父母离婚的阴影，开始积极面对生活，面对父亲、母亲，面对身边所有的人。这样让她的心态变得更加乐观和豁达，至少在那之后，她反而变得更加温和、更加淡定。

在工作上，伊万卡的这种乐观气质更是展现得淋漓尽致，公司的同事和员工都认为伊万卡是一个非常合格、有想法的领导者。无论遇到什么困难，大家所看到的她都是保持微笑的样子，她不是那种心事重重、愁眉苦脸的女人，也不是在困难面前轻言放弃的人。福里斯特城的一个同事认为在伊万卡那儿似乎没有什么事情是可以称得上糟糕的，她总有办法让问题变得更加简单，总有办法让形势看上去不那么让人感到害怕。

比如，最近一段时间，伊万卡的珠宝品牌开始准备削减库存，并且还放弃了2017年6月在拉斯维加斯举行的一年一度的珠宝贸易展览。而在此前，她的产品还被迫下架。种种迹象表明，伊万卡品牌的确遇到了麻烦，一些人甚至表示这家公司很快就会倒闭，至少将不会重现当初的荣耀。

对此，伊万卡却看得很开，她并不担心品牌遭受抵制或者受到业务量影响，而是非常乐观地认为一切都是生意场上的正常波动现象，她觉得过一段时间之后，情况就会好转。而且在伊万卡看来，自己的珠宝品牌过硬，还有一大堆忠实的粉丝，甚至包括脱口秀女王奥普拉、黛米·摩尔、娜塔莉·波特曼，她们都会购买自己的珠宝并且帮忙宣传。特朗普对于女儿产品被下架曾经这样表态：“尽管一直有人诟病且与媒体关系不和睦，但她一直把头高高地扬起。”

事实也的确如此，当产品出现销量下滑以及被人抵制时，伊万卡表现得很坦然，她并没有着急地召开内部会议探讨这些事情，没有针对商场的下架行为提出抗议和控诉，也没有在媒体面前进行抱怨。一切就像什么事情都没有发生一样，这一点就连她很多朋友也感到着急，他们纷纷为伊万卡提供各种建议，还有很多朋友主动在媒体上为她说好话。但是包括伊万卡的员工以及合作伙伴，都对这类事件表现得很淡定，他们都觉得伊万卡有能力处理好这个情况。而事实也证明了，在短暂的下滑之后，尽管伊万卡品牌备受争议，但还是在争议中出现了销量上升的趋势。

此外，当父亲特朗普竞选总统之后，特朗普品牌也照样受到了冲击，作为公司的副总裁，作为特朗普集团公司的市场开拓负责人，伊万卡身上的压力可想而知。很多人都觉得特朗普家族企业将会遭遇巨大的危机，或许特朗普家族的生意将会一蹶不振。对此，伊万卡非常乐观地说："我认为这不重要，有太多比这严重得多的事情，你知道的，这些事情才是重点。"事实上，她并不担心所发生的这一切，毕竟在商场上，出现各种困难都是在所难免的，而她自己甚至面临过比这更加困难的局面，但是她总能够有效解决问题。伊万卡曾经说过自己一直都是一个非常乐观的人，并没有将问题看得更加复杂、更加困难的习惯，这也是她在自身品牌运营出现问题的时候始终保持淡然心态的原因。

她经常会这样鼓励自己的员工："事情总有一天会变得越来越好。"这个特质和她的父亲特朗普非常相似。实际上，特朗普在创业过程中，曾经多次濒临破产，但是每一次都从困境中站立起来，而他所依靠的就是一种乐观的态度，他始终相信自己有朝一日会获得成功，总是以乐观的态度来看待自己面临的问题。特朗普自己也说过，没有任何困难会让他感到手足无措，没有任何一种困难会让他失去信心。

人们认为伊万卡遗传了父亲身上这种强悍的性格与气质，而且父亲的言行举止以及她所处的环境都在影响她。但是对于伊万卡来说，自己的调整能力也是一个关键。实际上，她从来就不喜欢被那些消极的情绪影响自己的判断，她更喜欢把事情往好的方面看。这一点让很多在职场和商界拼杀多年的人都觉得惊叹，他们认为伊万卡看上去就像是一个拥有几十年工作经验的老手一样，她似乎对所有存在的困难见怪不怪了，那种沉着和镇定、那种乐观和自信让人觉得不可思议。

特朗普认为女儿具备了家族中那种由来已久的强悍基因，她看起来无所畏惧而且乐观向上，这让特朗普对女儿的工作更加放心。实际上，特朗普在多个场合称赞了女儿这种乐观积极的心态，并认为这是一个创业者必须具备的特质，毕竟只有保持良好的心态，只有以更积极的心态来看待问题，才能更好地去解决问题。也许是由于这个原因，他更加愿意让女儿成为自己的左膀右臂，更希望让女儿来继承自己的事业，毕竟能够带动特朗普家族走向下一个巅峰的人，首先必须对未来的局势保持乐观姿态，而这是保持动力的一个重要前提。

5.快乐——用微笑来迎接每一天的生活

我只希望我的孩子快乐地成长，能够追逐他们的梦想。我的意思是，这是我对他们唯一的期望。尽其一生，能够找到他们在工作中的激情所在。

——伊万卡·特朗普

有个企业家曾经对儿子说："有一天，当你感觉到自己不再快乐的时候，那么就意味着你可以放弃眼前的生活和事业了。"对于每个人来说，能够快乐地生活和工作，这才是人生最大的享受，又或者说，我们需要以一种快乐的心态来面对自己的生活和工作，应该以一种更加积极的心态来面对生活中所经历的一切。

从某种意义上来说，保持快乐的心态已经成为一种人生的标签，成为人生的一个重要准则，而那些能够保持快乐心态的人，似乎对生活握有更大的主动权。有人曾问伊万卡对于成功的定义是什么，她这样回答说：“快乐。我认为只有你是一个快乐的人，并且你的生活充满快乐，你才是真正意义上的成功。我认识很多人，他们看起来很成功但是却很不快乐。当我达成我的工作目标时，当我和我的丈夫和孩子们在一起时，我很快乐。”在伊万卡看来，一个人活得快乐，一个人足够乐观，那么生活和工作才有意义，所有的成功才有价值。她甚至希望孩子们保持一种积极的状态，不论出现什么情况，都可以以一种更加乐观的心态去追求自己的梦想。

事实上，伊万卡一直都对自己的工作感到非常满意，这也是她一直都可以保持良好的工作状态的原因。作为一个房地产商的女儿，伊万卡从小就和挖掘机、钢筋、水泥在一起，她非常明白自己需要什么，也明白自己最大的兴趣点是什么，所以在长大之后，她明确地告诉父亲，房地产工作是自己最最喜欢的工作。而事实也证明了这一点，伊万卡总是保持最佳的工作状态，总是不知疲倦地为工作付出，而且所有人都能够看到她脸上的笑容。

出于对工作的热爱，伊万卡对工作保持了很大的兴趣和热情，而与此同时，她也注意采用快乐工作法来调节自己。尽管在日常工作中有很多困难和痛苦的经历，有过很多让人苦恼的烦心事，但无论面对什么，伊万卡总是保持高昂的斗志和快乐的心情。

除了工作以外，在生活中伊万卡更是认为自己是一个非常容易快乐起来的人，也是一个很容易找到快乐的人，因为她总是可以轻易从生活中找到那些值得去享受的美好事物。比如，她曾经在采访中就给主持人介绍起纽约的好去处：“纽约特朗普国际酒店的让·乔治餐厅真的很棒，不仅菜品可口，还能欣赏中央公园的美景。纽约特朗普苏荷酒店的水疗馆极为舒适奢华，是全美国唯一一家地道的土耳其浴室，这里的面部美容护理超级出色。做完水疗，保证你全身放松，精神焕发，五光十色的纽约夜生活就等你去尽情享受啦！丹尼尔餐厅的掌门人是号称‘纽约食神’的丹尼尔·布鲁德，那里的菜品味道简直绝了，我从没尝过这么美味的食物，一切都棒极了！至于大都会艺术博物馆，我已经去过无数次，但每次去都感到所有的藏品不管新旧，都是那么美！”

她还经常外出旅行来缓解压力，这也是她享受生活的一种重要方式，她经常利用工作机会去世界各地逛一逛。即便是在工作最忙、压力最大的时候，她还是对那些未曾去过的地方充满了憧憬：“我从来没有去过摩洛哥，我非常想去那里。我还没去过金字塔，虽然我已经去过埃及，但不是以一个游客的身份去的。这是一些我非常想做的事，还有南美的一些地方，我也非常想去。”

伊万卡是一个工作狂，即便给她一天48个小时，她也照样会安排得满满的，但问题在于伊万卡总是能够保持劳逸结合的状态，她虽然在工作中保持热情，总是以更加积极乐观的心态来享受工作，但同时也不会忘记去享受生活。实际上工作不可能一帆风顺，她平时面临很大的工作压力，也会遭遇很多挫折，而生活在此时就成了最佳的调剂品，享受生活就成为一个最佳的调节手段，她会想办法从其他方面来弥补失去的快乐，会从其他方面来活跃自己的情绪。

对于伊万卡来说，生活中并非一切都是快乐的，但每个人都应该善于从生活中寻找到那些令人感到快乐的因子，和家人一起吃饭，一起看电影，一起逛街，一起锻炼身体，一起做游戏。在她看来，家人是快乐的最大源泉，无论在外面遭遇了什么挫折和委屈，家庭永远是心灵最大的港湾。而且由于从小父母离异的缘故，这让伊万卡对于家庭更加看重，而她也更期待着能够从家庭中获得更多的快乐和幸福。

当伊万卡和哥哥、弟弟长大之后，曾经专门感谢了父亲的养育之恩和悉心教导，而特朗普则动情地做出了回应："不，是你们让我活得快乐。"特朗普是一个非常精明的商人，他对于金钱的追求、对于事业的执念已经达到了痴狂的地步，但是在面对家人、面对孩子的时候，他还是展示出了一个男人、一个父亲该有的爱心，他也承认孩子才是他最大的快乐所在。如果看到特朗普经常和孩子们在推特上进行互动，经常看到他牵着孙子、孙女、外孙女的手一起散步，就会明白这个有争议的男人内心是多么地开心。

对此，伊万卡深有感触，尤其是当她也成为母亲之后，更是理解到了家庭的重要性，她也将孩子和家庭当成了自己的精神支柱，当成了幸福生活的一个重要发起点。正因如此，她经常会抽出时间和孩子们待在一起，会和丈夫一起去享受私人空间。也只有回到家里，她才会兴高采烈地放下全副武装，安心而快乐地当一个母亲，当一个家庭主妇。伊万卡曾经说过自己非常享受家庭生活中的一切，因为只有家庭生活过好了，她才有足够的动力和精力去应付工作。

除了和家人待在一起，伊万卡也不忘和朋友一起谈心，一起出席宴会，一起参加娱乐活动；要么就在空余时间阅读和冥想。对她来说，生活中总有很多让人感到轻松和惬意的事情，无论工作多忙，无论情况多么糟糕，伊万卡总是保持很好的状态，总能够从中找到那些让人快乐的东西，而这对于她的情绪调节非常有帮助，也能够让她长时间保持一种乐观积极的心理状态。

6.稳重——提升自我约束的力量

我当然希望有漂亮的衣服，但是我从不大肆挥霍乱刷信用卡。这并非一天两天的事，我一直努力要求自己。老实说，我认为随心所欲不是件好事。

——伊万卡·特朗普

在上大学期间，伊万卡曾主演过一部纪录片《天生富贵》（*Born Rich*），在这部影片中，记录了一大群富二代、富三代的生活，他们大都年轻貌美，并且继承了父辈和祖辈一大笔惊人的财富，与普通人相比，他们是真正的天生富贵命。这部纪录片采取写实的手法，实际上真实反映出了美国富人家庭中的一些生活状态，尤其是那些继承者们的生活。在这部影片中，伊万卡几乎成了一个异类，因为和那些沉醉于享乐的富二代、富三代相比，伊万卡不仅拥有非凡的涵养，而且是一个明智和具有自尊的年轻商人。

事实上，伊万卡并没有将矛头直指财富带来的毒害，也没有刻意回避自己的富二代交际圈，而且在讨论关于美国的富裕主题时，她重点提到了那些败落的富二代生活，她用非常诚恳且略带批判的口吻说："有些人似乎倾向选择'丑陋'。我都认识这些人，但这并不说明他们都是我的好朋友。这些人总是在抱怨媒体给他们制造的坏名声，但是我认为他们自己的因素要多于媒体的因素。"

事实就是如此，很多富家子女会在夜店和酒吧里通宵达旦地放纵自己，媒体经常会拍摄到他们奢靡颓废的生活画面，然后添油加醋地描述一番。对此伊万卡一直都提醒自己不要自找麻烦。她平时寄宿在学校里，很少有时间出去，即便出门逛街，她也表现得非常低调，从来不会表现出不自重的一面。即便是被媒体堵上了，说话也非常谨慎，绝对不会让媒体抓到任何把柄。

这种早熟让人吃惊，而面对别人的提问和质疑，她则反复强调自己一直都喜欢自由轻松的生活，但同时也不断督促自己去体验生活，去理解自己真正想要的生活。她明确提醒自己必须拒绝毒品和酒精，必须和那些不合理甚至荒唐的生活方式划清界限，同时努力改正那些性格缺陷。这就是伊万卡超出同龄人的成熟和自我克制，考虑到她出生的环境以及接触到的朋友，这些几乎让她看上去更加稳重和另类。

多年来，她一直保持良好的生活习惯，很少去夜店狂放，不会夜不归宿、举止轻佻，更不会触碰酒精和毒品。在很多时候，媒体总爱拿她和希尔顿家族的绯闻女王帕里斯·希尔顿进行一番比较，这是伊万卡不能容忍的，向来好脾气的她禁止外人或者媒体将希尔顿和自己放在一起比较，但是在媒体搬弄是非之下，伊万卡还是忍不住进行了反击："我们家中的小孩没人是瘾君子，没人开着名车到处胡来，更不会站在桌子上跳舞。"在她看来，自己和希尔顿等人最大的区别就是"我大部分时间都待在办公室"。

这样的话多少有些含沙射影的讽刺意味，这似乎不太符合一个标准名媛的头衔，但实际上早在这一次强烈的反击之前，伊万卡就在另外一件事上做出了更加激烈的表态，那就是她之前非常喜爱的模特圈。作为一个身材、相貌和家世都很好的女孩子，伊万卡注定会成为一个非常出色的模特，而且她一直都觉得模特是一个很不错的职业，可以给人带来最美的视觉冲击，但是在接触这个行业之后，她慢慢动摇了自己当初的想法。

在一次节目访谈中，有人谈到了模特行业，并让她谈论一下对模特的看法，没想到之前还非常和气的伊万卡画风突变，在节目中飙出一连串的脏话，其中有一段评价是这样的："模特是地球上最卑鄙、最狡诈、最贱的一群姑娘……有名气、不受监管、受教育程度低、纵欲享乐的年轻人，她们的成功直接建立在别人的失望上。"这是她少有的失礼行为，以至于很多人会认为伊万卡之前是不是在模特行业中受到了什么挫折和不公正的待遇，但实际上她的模特生涯非常成功，可是她同样明白在光鲜亮丽的背后，存在很多令人不齿的行为和阴暗，如模特身上永远充斥着尔虞我诈、欲望、性和糜烂。对于这些，她都亲眼见识过，自然心知肚明。

紧接着她还刻意对自己进入模特行业的事情进行了解释："我

并没有喜欢当模特，这个行业跟房地产一样无情，你每天打交道的人跟房地产业里的人一样难搞，我当时就是想去玩，去旅游，想打破专制。当模特本身挺好的，但它给人留下的印象太深了，直到现在还有人问我，模特当得怎么样？其实我希望自己给别人的印象更庄重一些。”无论这是不是伊万卡的真心话，至少她已经感觉到了模特这个行业肮脏的“内幕”，因此她希望自己能够尽快与其划清界限，并且担心自己当初的表现不够庄重。

很多人不理解富有修养的伊万卡为什么会如此激烈地贬低帕里斯·希尔顿以及曾经的同行，这是不是她内在流露出来的一种优越感呢？事实并不是这样，她平时能够和其他人友好相处，而且依靠特朗普的姓氏优势，她可以轻易找到很多朋友，但对她来说，远离那些不良习气的朋友对自己至关重要，她不想让那些乌七八糟的生活方式影响到自己。

社会学家兼心理学家孟德尔教授曾经调查了200位世界顶级富豪的子女，发现其中大部分人都存在自我放纵的倾向，有的人染上了毒瘾，有的人沉迷于美色，有的人常年流连夜店。很多人都生活在糜烂的世界中，他们对于生活的扭曲程度远超想象，这与他们光鲜的穿着打扮、与他们的学识修养极度不符。孟德尔认为富家子弟在生活上缺乏严于律己的精神，而事实上也没有人能够约束他们的行为，所以一旦他们开始放纵，那么对于周边的人乃至整个社会而言，都可能是一个严重的问题。

事实上，无论是在哪一个国家，富家子弟都是一个让人头疼的群体，很多人甚至会本能地对富人产生偏见，会仇视和贬低富二代、富三代，并将其看作破坏社会公平和法制的坏人，这种偏见很多时候都是因为富家子弟对自己不加约束的错误举动造成的。

很显然，有关生活的一切，伊万卡都懂得自我克制，懂得以一种最理性、最成熟的心态来面对身边的人和事。这样的表现对于身家二十几亿美元的人来说，对于一个拥有惊人的外貌和出众身材的人来说，都是非常珍贵的。有人曾经问她："为什么从来不去迷幻派对？"她非常坦率地回答说："我认为没有得到父母允许的事情，就最好不要做。原因就这么简单。"虽然表面上来说，伊万卡是一个遵从父母之命的乖小孩，但是进一步进行分析，就会发现根源还在于她在良好的家庭教育氛围下培养起来的自制力。可以说，正是因为这份稳重和自我克制，伊万卡才能够出淤泥而不染，才能够打破财富和环境对自己的束缚，不断地进行自我提升，最终赢得大众的认可和欢迎。

美国前国务卿以及前第一夫人希拉里曾经抨击特朗普是一个毫无修养的粗人，是一个我行我素、目中无人的恶棍，但是对特朗普的女儿伊万卡却大加赞赏，认为伊万卡是一个很有内涵和修养的姑娘，她所做的每一件事、所说的每一句话都很得体，因此非常讨人喜欢。正如*Vogue*杂志所描述的那样："特朗普先生塑造个人品牌的方式是永不认错，而女儿伊万卡同样继承了这种完美主义的特质，因为她永不犯错。"

美国的一些主流媒体也给予伊万卡很多正面的报道和评价，在他们看来，伊万卡才是真正的世家子弟，才真正代表了积极向上、自我克制的富人阶层该有的正面形象。他们甚至寄希望于伊万卡可以借助不断提升的知名度在富人圈尤其是富二代群体中刮起一阵清新的风气，以此来改变美国富二代们的生活方式。无论如何，这样的愿望都显示出了大家对伊万卡的喜爱，对她身上那种自持力和积极向上的生活态度感到着迷，而这种态度正是一个女人改变生活并赢得欢迎的重要保障。

7.低调——人生最大的奢华

我在公司里的角色并不是那么显要，重要的是父亲和公司的其他同事。

——伊万卡·特朗普

一直以来，伊万卡的为人非常低调，这得益于她良好的教育和完美的修养。她从来不会像其他富二代那样经常在媒体和电视上露面，不会经常出现在一些八卦杂志上，也不会在外面到处炫耀。正像《时代周刊》所评价的那样："一眼看去，她并不是一个亲和的邻家女孩的形象，但是她却比任何人都要更加和善，哪怕她拥有如此优渥的条件和出众的气质，也要比别的有钱人家的孩子更加低调。"

伊万卡的朋友认为，伊万卡一直都在提醒自己，即便自己是特朗普的女儿，即便自己是房地产公司的副总裁，实际上依然只是一个平凡的人，除了工作职位和权责的大小不一样之外，她在日常工作中和普通员工一样，并没有任何额外的特权，也没有任何身份和地位上的优势。如果有人试图依据自己的职位牟取私利，有人利用自己的身份寻求特殊关注，那么这个人一定不会是伊万卡。

在日常生活中，她总是表现得非常低调，而且就像平常人家的女儿一样去生活，丝毫没有千金大小姐和女商人的高姿态。比如，无论和谁讲话，伊万卡总是保持微笑和谦卑的姿态，毫无盛气凌人的姿态和感觉。很多员工都乐于和她交流，因为她几乎毫无架子，并且会非常耐心地听别人把话说完。在餐厅里，性格随和的伊万卡常常会主动和食客打招呼、与服务员合影，不仅如此，伊万卡还是公司高管成员中为数不多的愿意深入基层去考察的人。在公司的工地视察的时候，伊万卡还会像其他工人一样戴着头盔钻进工地，有时候甚至亲自开吊车、开挖掘机，完全不像那些穿着西装打着领带站在一旁指挥的领导。有人对此很好奇，但伊万卡非常坦然地做出回应："我从来就不是公主，只是一个爱开挖掘机的小女孩。"

至于公司的那些元老级干部，他们一开始对伊万卡抱有很强的戒心，因为在他们看来，伊万卡只是沾了父亲特朗普的光而已，实际上并没有什么真正的才能。但是伊万卡从来不计较，而且还主动向他们请教。有个跟随特朗普工作多年的高管曾经这样评价伊万卡："她经常会咨询一些工作中的问题，这在那些家族企业的继承者们当中并不多见，他们在多数时候总是显得很傲慢，看不上任何人，但是伊万卡不是那样的人，她总是保持一副谦逊的姿态。"

在伊万卡看来，自己在工作中的经验可能还远远不够，所以每次有人谈论起她对公司的贡献时，她都显得非常谦虚，将所有的功劳让给父亲和其他同事。虽然贵为集团公司的副总裁，但她仍旧认为自己的工作只是一小部分的内容而已，自己所做的业绩也只是微不足道的一小点儿而已。有时候，别人让她谈论一下公司的发展态势，她都是将所有的功劳归于其他人身上，而很少谈论自己的能力和价值。

事实上，伊万卡在谈判和交际方面也往往比特朗普更具魅力，也许特朗普的经验更为丰富，但是在姿态上，伊万卡更具亲和力。很多媒体都反映过这样的问题，认为特朗普总是一副高高在上的姿态（尽管他本人可能未必是这样，但是在镜头前，他很少低下那高贵的头，而且言语中不乏一些高调炫耀的成分），而伊万卡却不一样，她所说的话听上去让人觉得舒服，丝毫不会带来任何压迫感。所以媒体更愿意和低调的伊万卡打交道而不是和她那个经常大脑短路的父亲，媒体也对伊万卡表达了更多的敬意。

虽然伊万卡有时候在工作中展示强硬的一面，但对于那些了解她的人而言，她在生活中就是一个非常低调、非常随意的人，她可以和那些超级富豪成为朋友，也可以和一些平凡人建立友情；她可以和最顶级的明星、富豪举杯交谈，也可以与那些底层的工作人员在一起谈笑风生。

而关于她的低调作风，其实已经融入了她整个生活，比如和那些每天穿得贵气逼人的有钱人相比，伊万卡更加朴素一些，她的服装和鞋子都是自家品牌的产品，这些产品价格偏于中端，与那些动辄几万美元的奢侈品相比价格已经非常亲民了。有人曾经问伊万卡："你最讨厌把钱花在哪儿？"伊万卡笑着回应说："价格过高的奢侈手袋——这也是我开创自己的品牌的原因。"还有一次，别人问她最讨厌什么，她直接回答说：“我最讨厌买巨贵无比的包包了，所以我就自己做。”

此外，观察她的家庭装修，也可以看出她在生活中的一些基本追求。比如，父亲特朗普的豪宅非常奢华，进入特朗普家的人觉得那里面几乎全都是用黄金铺成的，因为特朗普对于法国国王路易十四的奢华风情情有独钟，他更喜欢法国皇宫里的那种奢华装饰，像巴洛克、洛可可等皇宫装饰风格全都被他采用。有人甚至觉得特朗普的豪宅就是皇宫，虽然有些夸张的成分，但特朗普的确是一个善于讲排场的商人。比如，在20世纪90年代中期，特朗普购买了一套大厦，却嫌弃大厦外观过于低调，于是大手一挥，让人将外墙全部拆卸，并且重新安装上了昂贵的黑色玻璃。并且特别外加了镀金的框架来固定，以此来炫耀他的与众不同。而伊万卡在这一点上与父亲不相同，尽管自己身家不菲，加上丈夫的财富，两个人也跻身于富豪行列，但是她的房间布置却显得有些低调，而且几乎所有的设计完全是按照她自己的风格和品位来的。

无论是色调的搭配还是材质的选择，都是伊万卡式的——客厅里面的空间线条干练，陈设比较精致，颜色比较清淡，可以说优雅大气却不失风味；卧室里装饰比较简单，整体风格简洁大方；加上大面积的窗台，给人以清新明亮的感觉，又不失温馨；至于夫妇俩经常出没的区域——书房，伊万卡同样做了精美的布置，她采用了灰色系为主调的低调色彩，然后加入了蔚蓝色的色彩元素，从而展现出空间的静谧和雅致，而这两种颜色正好符合了夫妇俩一贯低调的性格。

通过房屋布置，可以看出伊万卡对于房间设计基本上符合自己的性格，家里的每一处细节设计都体现出了简约而不简单的内涵，都让人觉得主人淡薄的心性和低调的个性。很多初次参观伊万卡家的人都会觉得这样的风格根本不像是有钱人家的装饰风格，就是一般的中产阶级也要比这装饰得更加豪华一些。

毫无疑问，这样一个在生活中毫不张扬的人，一个在工作中保持亲和力的人，必定会受到大家的喜欢。就像父亲特朗普所给的忠告一样："你的名声是你最佳的资产。"伊万卡是整个特朗普家族中最低调的孩子（特朗普的幼子除外），也是曝光率和知名度最高的孩子，更是受欢迎程度和表现最好的那个孩子。

8.着装——穿出属于自己的味道

我们应该欣然接受富有女性气质的女性。而我们持有的直觉是抑制女性气质，这归根于我们想融入环境的观念。但是要想融入环境，并不是穿着肩垫或细条纹服装所能办到的。你要赢得同事们的尊重。如果你赢得了他们的尊重，他们就不会批评你展现女性气质的打扮了。

——伊万卡·特朗普

提到穿衣打扮，很多人觉得，只要人长得漂亮，再加上身材好，又有足够的财富，那么想穿什么样的衣服都行，想穿成什么样的风格都行。但伊万卡绝不是那种随意乱穿衣服的女人，也不会一味追求时尚、追求昂贵的奢侈品牌，更不会刻意穿一些布料很少的衣物展示自己性感的身材。每一次出场几乎都气场十足，那些自然得体的装扮让人印象深刻，无论是服装的质感、颜色、款式、搭配都拿捏到位，充满了大气、沉稳、时尚、得体、知性、优雅的感觉。

事实上，伊万卡之所以无论走到哪儿都会成为人们关注的焦点，这不仅仅在于她出众的外貌和身材，还在于她出众的衣品。比如，在日常生活中，最少不了的就是一条紧身连体一步裙，而她钟爱这种裙子的理由其实也很简单，一步裙有着特定的职业属性，看起来会很知性，其次紧身衣服很显身材，这让她足以展示出自己的身材优势。

裙子长度要刚好及膝，其次就是领口要非常保守。然后在外面套上一件外衣，而她最爱用修身的H形单排扣呢子大衣搭配裙装，大衣是伊万卡非常喜欢的服饰，毕竟一穿上大衣整个人的气场就强大了许多。而她在选择大衣的时候，颜色的选择遵循错色的搭配方法，意思就是和里面的裙子颜色错开穿，就是尽量别选择和裙子颜色相同的大衣搭配，或者是选择和裙子颜色相呼应的色彩搭配。最关键的一点就是大衣最好别系扣子！要不就披在肩膀上，这样往往显得比较有气势。

在外出的时候，她偶尔会戴上猫眼太阳镜，这让她在俏皮中多了几分妩媚，在妩媚中暗藏几分俏皮；再搭配上一双裸色高跟鞋（她的鞋子色彩素淡，样式简约，非常百搭，充满了亲和力），这样不仅拉伸了腿部的线条，让身材的比例变得更加匀称、完美，还给人一种优雅、稳重的感觉。更重要的是，裸露出来的小腿可以将大衣和裙子的层次感充分体现出来。

她认为自己的穿衣风格比较传统，但同时也不会忘记在里面添加一些年轻的元素。她常常会说："我还年轻，穿短裙不会有任何问题。但我不喜欢穿紧身的短裙，也不喜欢用紧身衬衣来搭配。我认为选服装的时候，只要局部稍微性感一点就可以了。如果上身和下身都性感，这样会导致杀伤力过度，让人有点受不了。我特别喜欢秀我的腿，我的脖子也很漂亮。”

当然，对于职场女性来说，着装问题往往才真正让她们感到苦恼，而伊万卡自己也曾在着装的问题上感到纠结，不过现在她经常以一个过来人的姿态给其他女性提出宝贵的建议：“我给职业女性在着装风格方面的三大贴士：注意场合、仪态端庄及展现女性气质。如果你是在一家律师事务所工作，你就不能与在广告公司工作的着装相同。了解适合你所在行业的着装风格及裸露标准。穿着端庄。我的职场着装风格已发生了非常巨大的变化，其中许多已惯于表现女性气质，而我在年轻时对这种方式会感到紧张。那时我在职场中几乎不敢以展现女性气质的风格着装，现在回想起来很可能是一个错误。现在，我会穿着粉红色的衣服上班，而当我22岁时，除了穿黑色细条纹套装之外，任何其他服饰都会让我感到紧张。”

在工作期间，她一般都会选择一些更加职业化的装扮风格，选择一些简约的服装款式，搭配一些比较柔和的颜色，这样就可以充分体现出她作为职业女性稳重利落的特质。她会注重用知性的套装搭配小巧精致的珠宝，像几何形状的珍珠和钻石耳钉能够有效凸显出她的柔美；长度适中的项链更是丰富了造型的层次感。这身装扮往往可以体现出伊万卡母性的一面，但母性中又夹杂了一些中性。

作为一个成功的职业人士，伊万卡也十分喜欢铅笔裙，她穿着铅笔裙的照片十分知性优雅。伊万卡也喜欢穿铅笔裙，实际上铅笔裙几乎是职业女性必备的单品，而且在穿着打扮的时候搭配非常简单，一般是铅笔裙搭配纯色丝绸衬衫、白色T恤，或者是透视设计短衣（这些纯色系的风格比较简单，但是不会过时，而且能够凸显出穿衣者独特的气质），再加上细头高跟鞋、纯色的包包。这样的搭配往往显得简单、干练，能够展示出职场女性的魅力，在参加晚宴和上班时都很适合。有时候她会穿套装，而且特别喜欢Oscar De La Renta和Brioni的设计。

从这些装扮中可以看出，伊万卡是一个非常低调的人，她很少穿那些非常惹眼的服饰，一切都以凸显个人气质为主，衣服风格比较简单，就连颜色也比较素雅，一般都会选择纯色的搭配或者套装。有时候她觉得颜色太素的话，就会尝试穿一些淡雅风格的印花，颜色并不那么亮丽、造型也不浮夸、底色偏于干净，而这总能够让她穿出高端大气的感觉来。

作为公众人物，伊万卡非常注重不同场合的穿衣风格，除了日常生活和工作之外，她还会参加一些重要的宴会或者社交活动，如她经常出席Met Gala（时尚女魔头安娜·温图尔发起的活动）这样盛大的活动，这个时候晚礼服就成为必备的服饰。每到此时，她会选择超长款和纯色的盛装礼服，其中吸睛妩媚的大红色、极尽优雅的皇室蓝以及散发低调奢华的黑色BlingBling礼服是伊万卡的最爱。

伊万卡对于个人的穿着非常讲究，尽管她不是那种成天将时间花在购买衣服和精心打扮上的人，也不是那种一味依靠昂贵的名牌服装以及奢侈品来装扮上的人。虽然她也喜欢那些奢侈品和价格不菲的超级品牌，但是在更多时候，她还是会按照自己最合适的风格来搭。而对于穿衣也有自己的看法和感悟，她觉得一个人的形象和气质是完全可以通过着装体现出来的，而这种着装也会影响到个人在社交圈、生活和工作中的表现，因此她对于着装也是有一定要求的。

比如，伊万卡结婚时所穿的婚纱是由服装设计大师Vera Wang亲手设计，婚纱款式设计的灵感来源于前摩纳哥王妃凯莉在1956年与摩纳哥亲王雷尼尔大婚时所穿的婚纱。整件婚纱全部都是纯手工打造，以三层手工薄纱来打造出浪漫、华丽的感觉。而在婚纱设计的时候，伊万卡对Vera Wang只提出了两个要求，一个是要按照前摩纳哥王妃凯莉的婚纱风格来设计，另一个就是确保婚纱在穿上之后具有华丽而娴静的感觉。

担任模特多年，伊万卡早就知道该如何选择最适合的衣服，也早就知道该如何驾驭好身上的衣服。在她看来，不同的人往往有独属于自己不同的穿衣风格，此外还要注意穿衣的风格和自己的仪态，如伊万卡平时还喜欢穿一些收腰的衣服。事实上，伊万卡身高一米八，拥有傲人的身材和白皙的长腿，这种上短下长的身形非常适合收腰设计的衣服。因此，伊万卡在穿衣打扮的时候，一定会强调腰线、修身剪裁等因素，或者运用撞色拼接的方法来进行收腰，从而达到营造纤腰长腿的效果。

当然无论着装如何变化，最重要的还是体现出女性特有的风格，女性化的风格无论如何都会受到社会大众的认可和欢迎。“你必须培养并增强表现自我的信心。某种自我表现形式在职场中并非总是合适的——如过于新潮的款式或者多处文身——但女性化的风格却总是适宜的。”

事实也证明了伊万卡的判断，在每一次出场时，她都能够非常完美地展示出自己身上的女性气质，能够更好地展示自己作为女性所拥有的基本魅力，哪怕她穿的只是一件普通的衣服，只是一件价格低廉的平民品牌衣服，但是她仍然可以穿出那种优雅大气的感觉，依然可以恰到好处地展示自己的女人味，在外人看来，伊万卡依靠出色的衣品和搭配，能够将那些最低廉的服饰穿出最高级的感觉来。而在网络上，伊万卡成了一个红人，很多人都开始学习她的穿衣风格，像她一样来装扮自己，她们将伊万卡当成一个完美的穿衣范本。

不仅如此，伊万卡的着装风格和着装品位也引起了一些权威机构的注意和认可，如在2007年、2008年，伊万卡就曾被《名利场》评为“年度最佳着装女士”，这样的荣誉是对她穿衣风格的最大褒奖，也是对她个性和魅力的一种认可。

正因为对自己的着装很有心得，伊万卡干脆亲自参与伊万卡品牌服装的设计，在品牌系列中，无论是外套、裤子还是鞋子，伊万卡都注意一些细节上的设计和搭配，这就确保了她的服装总能够体现出典型的伊万卡式风格，让人觉得非常得体。比如，有一位叫艾拉・丽贝卡的女性曾经购买过伊万卡品牌的衣服，并且非常喜欢，可是当她得知这个品牌是唐纳德・特朗普的女儿创立的时候，一度感到非常沮丧，她不想和特朗普发生任何联系，但真正的问题在于她不想丢掉这件衣服，因为它们看起来太棒了。

同样，杰西卡・丽思也是一位抵制特朗普的职业女性，她曾经在伊万卡的服装店里购买了一套礼服，结果穿起来非常合身，而且简直“合身得令人沮丧”，这导致她在自己是否还要穿礼服的问题上纠结了很久。还有一些女性则聪明一些，她们同样非常反感特朗普，因此会迁怒于伊万卡，但在面对伊万卡品牌的衣服时，常常情不自禁地想要继续穿着它们，为此她们干脆想出了一个两全其美的办法，那就是撕掉伊万卡品牌的标签，这样就可以名正言顺地和特朗普家族“划清界限”了。

实际上，这些女性对于伊万卡品牌的纠结并不是一个个例，很多人都在反特朗普问题上坚定地站在了反对伊万卡的阵营之中，但是伊万卡的服装和珠宝并没有在这些抵制行动中受损太多，它们并没有出现销量大幅度下滑的趋势，反而在争议中重新有了上升的趋势。之所以会出现这种情况，其实就在于伊万卡品牌独特的魅力，在于伊万卡在产品中注入的那些时尚元素以及设计灵感，她让那些服装和鞋子看起来更加吸引人，让所有穿上自家品牌的消费者自信满满，让所有人都穿出了自己的魅力和风格。

9.品位——让生活充满艺术感

我可以没有任何东西，但是我真的很爱我们的林赛·阿德尔曼灯具和我女儿阿拉贝拉房间里的帐篷。

——伊万卡·特朗普

作为一个富家千金，作为特朗普集团公司的副总裁以及伊万卡品牌公司的创始人，伊万卡这一生都生活在富足的物质世界当中，她的家庭、丈夫、父亲，她的朋友，她所接触到的那些人，很多都是富豪级别的人物，但是这并不意味着她就是一个非常世俗的人，是一个唯利是图、只认钱的人。

实际上，如果知道伊万卡参与自家品牌的设计，就能够明白她是有一定艺术鉴赏力和艺术素养的人，尽管她比不上那些专业的艺术家，但是对于艺术的感悟能力和喜爱一直都让她在富人阶层中显得很另类，也让她变得更加知性、更具艺术魅力。

在平时，伊万卡经常和丈夫一起去拜访纽约的一些艺术家的工作室，在那儿，他们结识了很多艺术家，也会收藏一些他们的作品。克里斯托弗·伍尔是伊万卡非常喜欢的艺术家，伍尔的作品有一个重要的特点，那就是非常凌乱，整个作品的布局杂乱无章，似乎有些随心所欲，但是在设计的时候，其实经过了描绘、打磨、覆盖等多重步骤，最终形成了非常独特的效果。对艺术比较敏感的伊万卡非常喜欢这些作品。此外，伍尔在色调方面的调配堪称大师，在很多作品中，他都会运用蓝白相配的色调，而这样的配色也是伊万卡所喜欢的。所以伊万卡在自己的品牌设计中也经常加入这样的色调，如她要求自己的设计团队借鉴克里斯托弗·伍尔的蓝白色调来设计手袋。

在更多时候，伊万卡喜欢购买和收藏艺术家们的作品，艺术家内特·洛曼是伊万卡非常赏识的人，所以在装饰房子的时候，她喜欢将他的作品摆放在显眼的位置。比如，伊万卡收藏了一幅名为《子弹孔》的作品，该作品就是内特的经典作品。而这幅作品2013年在纽约苏富比拍卖行以大约66.5万美元的价格成交。

喜欢追求自然的伊万卡非常喜欢那些从生活中汲取创作灵感的艺术家，如善于利用口香糖、纸屑、泥土、花朵、羽毛、玻璃来制作艺术品的丹·科伦，也是她非常喜欢的艺术家。她平时也会收藏丹·科伦的作品，以行动支持这位艺术家独特的创造力。

如果参观一下伊万卡的家，就会发现，整个家庭和房间的装饰以清淡、素雅为主，如家里的吊灯是艺术家林赛·阿德尔曼设计的作品，墙上的画是亚历克斯·伊斯雷尔、内特·洛曼和丹·科伦等人的作品。在很多人的想象中，她每天的生活应该是这个样子的："她每天都在挂满艺术品的屋子里醒来。她走到餐厅，打开林赛·阿德尔曼设计的时髦吊灯，在摆放着杰夫·齐默尔曼设计的烛台的餐桌上，冲上一杯手磨咖啡。然后坐在费尔南德·德雷斯设计的古典座椅上，看一会儿窗外的繁华街景，再开始一天的工作。噢对了，插一句，她的顶层套房据说有十个房间，从每个房间看出去，都是最壮观的曼哈顿全景。"

这一点和她父亲特朗普的房子富丽堂皇的风格相比完全不同，特朗普很少收藏什么艺术品，对他而言，房地产才是最重要的。有人曾经参观过特朗普位于纽约第五大道特朗普大厦顶层的居所，里面装潢精良，有人甚至认为那很奢华，就像是进入凡尔赛宫一样。在整个屋子里，几乎很少能看到什么艺术作品，唯一一件能叫得出名字的艺术品还是雷诺阿的作品，可惜还是一件复制品。很显然，特朗普并没有这份闲心去关注和收藏艺术品，更是很少接触什么艺术家，他的个人品位往往停留在房地产上，所以别人都在私底下评论："他的眼光有点低廉。"

可是伊万卡却截然不同，她不喜欢富丽堂皇的装饰风格，但也不喜欢完全空荡荡的装饰，这个时候艺术品成了她的最爱，尤其是一些当代艺术，她非常热衷这类艺术品的收藏，而且眼光独到。她与丈夫有两个收藏原则：不买自己不喜欢的艺术品，只有两个人喜欢同一个作品才会去买。伊万卡在接受媒体采访时说过："我们只会购买我们同时喜欢的作品，并且，一定要是我们愿意与之一起生活的作品。"正因如此，伊万卡收藏艺术品有自己的章法，她亲自去一个个艺术家工作室中拜访，慢慢找到适合自己趣味的作品。

有的人会觉得有钱人去购买一些艺术品无非两个原因，一个是收藏和投资，另一个则是装扮自己的形象。作为一个女商人，伊万卡同样也意识到了艺术品对于一个真正的富人意味着什么，她的确需要借助这种品位来点缀自己的身份和地位，正如美术馆馆长爱丽森·金吉拉所说："通过收藏艺术品、积极现身社交场合，伊万卡逐渐获得了通往顶级主流社会的通行证。"

但她对于艺术作品的喜爱更多还是因为内心的真诚，可以说这种艺术气息是她与生俱来的，至少在整个特朗普家族内部是这样。她会依靠自己的眼光和判断，会依靠自己的兴趣点来选择艺术作品，而不是单纯地看哪一幅艺术作品更加值钱或者具备投资的潜力。她不想让自己的艺术收藏变成金钱与艺术的交易，所以在很多时候更加看重的是艺术品的内在而不是艺术品的经济价值和收藏价值。有媒体曾经这样问伊万卡："你对收藏家们有什么建议？"伊万卡非常直截了当地说："买你喜欢的东西，同时相信你的直觉。"

除了收藏艺术品之外，夫妇俩经常会在闲暇时间学习绘画，虽然两个人都是新手，但是却都非常享受绘画的时光，这会让他们更为真实地感受到艺术气息，会让他们得到放松和活跃思想的机会。有时候，两个人会结伴去博物馆看一看，了解一下历史、地理和一些建筑方面的知识，她看上去总是非常好奇，对那些充满艺术感和历史感的东西保持热情，此外还有她最在乎的建筑，她觉得好的建筑是世界上最具美感的东西。通常情况下，她都喜欢去纽约大都会博物馆，在那里，所有的艺术品都会吸引伊万卡的注意。

事实上，对于身家亿万美元的伊万卡来说，她更看重的是生活的品位，她并不是真正意义上的艺术家或者鉴赏家，但是却对艺术情有独钟，这种喜爱并不是用金钱来衡量的，而是出于一种对生活认真负责、认真品味的态度。其实依靠伊万卡的财力，她可以轻易就购买到无数珍宝、古董或者其他艺术品，但是如果不喜欢或者没有艺术气息，那么再多的艺术品也不会让个人的生活和形象有所提升。

由于热衷于艺术，她要求设计师们一定要让自己的产品艺术感十足，所以她的品牌所体现出来的也是一种自然清新的生活品位，无论是珠宝还是服装，都保持清新、淡雅的风格，以及在款式上追求艺术感，这些已经成为她的品牌的精髓。在生活中，她期待这样小资、温馨而又充满艺术情怀的生活，并且将其传递给每一个对生活有热情的女人。有时候，她自己也会亲自参与产品的设计，会提出自己的设想和观点，对她而言，这种参与其实也正证明了自己的艺术情怀。

10.运动——通过运动把握健康生活

跑步让我享受和丈夫在一起的时光，让我挑战自己，从而也重新审视我的人生。

——伊万卡·特朗普

伊万卡向来主张健康、积极地生活，而一个健康的生活方式首先是有活力的，是具备积极向上的能量的。伊万卡多年来一直都非常自律，养成了良好的工作习惯，她不会在酒吧里通宵达旦地喝酒，不会和朋友一起在夜店流连忘返，多数时候她都待在办公室里工作，下班之后则立即回到家中陪孩子和家人。

除了保持自律之外，伊万卡保持健康生活方式的另一种方法就是运动，作为一个富家子弟，伊万卡并没有养成养尊处优的坏习惯，而是始终保持积极的生活状态，不仅努力上班，而且还积极参加各种体育运动，一方面放松自己，另一方面则可以锻炼身体。

伊万卡喜欢的运动项目有很多，兴趣也比较广泛，但是对她来说最喜欢的运动就是跑步和打高尔夫球。其中高尔夫球可以称得上是特朗普家族的一个固定运动项目，几乎每一个家庭成员都喜欢抽出时间在高尔夫球场挥上几杆。实际上，无论是作为娱乐休闲也好，还是作为商业谈判也罢，特朗普都喜欢在高尔夫球场挥杆，而伊万卡也从小就喜欢跟着父亲去球场，耳濡目染之下，也对高尔夫产生了兴趣。

在多个场合，伊万卡都曾一再表示："我的血液里流淌着运动基因。从小我就喜欢打网球、游泳、滑雪，但拿起高尔夫球杆却有些不适应，太不一样了。高尔夫打得不好真有些伤自尊啊。"对她来说，能够和家人在一起打高尔夫本身就是一件最快乐的事情，这也是促进家庭成员关系的一个重要方式。

伊万卡的丈夫杰瑞德同样喜欢打高尔夫球，伊万卡实际上由于忙着工作，以前每年平均大概只打两场球，但是自嫁给杰瑞德·库什纳后，她算是真正意义上融入了高尔夫这项运动中。如今，她不仅会抽出一点时间去上高尔夫课，和爸爸、兄弟一起享受高尔夫之旅，还经常趁着孩子们小睡时和老公溜出去打几杆高尔夫，她借助这样的机会享受和家人在一起的时光。和父亲对待自己一样，她开始想办法让自己的孩子也参与进来，如今伊万卡的儿子约瑟夫也经常背着球杆跟在父母后面学得有模有样。

从某种意义上来说，高尔夫是融入伊万卡工作和家庭生活当中的一项运动，而且由于整个家庭都喜欢这项运动，因此打高尔夫不仅成为一种放松和休闲的方式，实际上还成了伊万卡用来维持家庭关系、促进家庭成员沟通交流的重要方式。

除了高尔夫之外，伊万卡还非常喜欢跑步，相比于高尔夫，跑步几乎是伊万卡每天都要做的事情，无论工作多么繁忙，伊万卡每天都会坚持跑步。比如，她每天早上都会抽出一点时间和丈夫一起慢跑，很多人经常会看到夫妻俩一起在公园慢跑，慢跑不仅仅是锻炼身体，还是调节生活和工作状态的一种方式。

有媒体曾经问她："一天哪来那么多时间？"伊万卡的回答非常有趣："我经常只睡4个小时，天不亮就起床跑步，跑完以后就开始工作。"在她看来，慢跑本身不仅可以舒展身体，还是一天工作的开始，为她一整天都保持旺盛的精力奠定基础。而且伊万卡觉得跑步会让人变得更有斗志："跑步拥有这样的魅力，能让人不断努力向前，也能让你结识更多一起努力的人。"

为了证明自己，她还抽空去参加长跑运动，并希望以此给孩子们树立一个好榜样。比如，2015年4月17日，伊万卡在纽约中央公园举办的女子半程马拉松赛中完成了比赛，成绩是2小时11分3秒，这个成绩对于普通人来说已经相当不错了。不过赛后，伊万卡在接受媒体采访时表示孩子们对自己的表现不太满意："这是完美的一天，我感受到奔跑的人群拥有如此伟大的力量。最后当我跑过了终点线并获得了奖牌时，孩子问我是否赢得了比赛，我试图解释，我没有赢，但我尝试尽最大努力去完成了最难的挑战。她对这个答案有点失望，太有趣了。"但是对她来说，能够完成这项运动，能够给孩子们做个榜样，就是最重要的。

在此之前，伊万卡认为自己根本没有办法连续跑上半英里，为了让自己更好地锻炼身体，伊万卡邀请了参加过奥运会的新西兰运动员亨伍德担任自己的马拉松教练。那段时间，几乎每天早上，亨伍德都会骑着自行车训练伊万卡的长跑能力，而在专业的训练指导之下，伊万卡坚持了几周就让自己的跑步成绩大幅度提升。

也正是因为接受了正规的训练，让伊万卡对跑步有了更多的认识，也产生了更大的兴趣。自那之后，她对跑步投入了更大的热情，还组建了自己的跑步团队，并且还邀请专业人士为团队制订合理的跑步计划。不仅如此，在社交网络上拥有超高人气的伊万卡还在自己的网站Ivanka Trump上发起了一个跑步活动，邀请全球所有粉丝和她一起跑步，并且还上传了自己的跑步计划和照片，以此来相互鼓励。而在平时，她经常会在自己的网站上和跑步者们分享她的跑步心得，告诉粉丝和网友该如何做好跑前跑后的拉伸，如何安排饮食，如何准备一场马拉松，如何调整好自己的心态，如何避免运动伤病，以及如何激励自己不断努力。

在高尔夫和跑步之外，伊万卡还制订了一整套独特的训练计划，她称之为“融合训练”，这种训练将舞蹈、瑜伽、普拉提和按摩结合起来，利用自身重量进行训练。

每周都会抽出固定的时间进行三次训练，在开始前先进行5分钟的有氧运动热身，通常情况下她会选择在跑步机上慢跑，然后按照顺序每个动作完成两组，每组重复20次。

如今的伊万卡已经是有三个孩子的辣妈了，但身材保持得非常完美，原因就在于在怀孕期间她也一直坚持锻炼身体，这样就确保了怀孕生孩子之后身材不会变样走形，也正因如此，伊万卡始终保持着完美的身形，并且依旧具有迷人的气质，同时也增加了她的活力，而这些正是她在生活和工作中保持良好状态的原因所在。

后　记

1.伊万卡是女权主义者吗？

随着伊万卡在媒体面前出现的频率越来越高，很多人对于这位美国白宫的第一女儿越来越关注，也越来越喜欢，无论是她个人的出生、奋斗、事业等基本情况，还是为人处世方面的高超技巧，在生活和工作中所秉持的那些原则以及所具备的那些成功者的特质，都让她变得更加迷人。

事实上，无论是在美国还是中国，人们都普遍反感她那位不靠谱的老爸，但是对于伊万卡，多数人还是持正面的看法，有的美国人甚至认为伊万卡才适合成为美国的总统，也有人鼓动她在2024年参加总统竞选。而在大洋彼岸的中国或者欧洲，伊万卡同样有很多拥趸，他们都对这位年轻、多金而富有才华和气质的第一女儿感到着迷。

实际上，现在有很多公司开始抢注“伊万卡”的商标，这些商标涉及的行业包括服装、糕点小吃、游戏、化妆品、医疗器械、卫生巾、尿不湿等，还有一些网站也积极用她的名字注册。不仅如此，伊万卡由于拥有出色的身材和很高的颜值，以至于成了很多爱美女性整容的模板和标杆，很多女性都想像她一样，拥有漂亮的眼睛、鼻子和嘴巴，还期待着拥有和她一样火辣的身材。

种种迹象表明，伊万卡正在成为一个时尚化的名字，成为一个热词，而多数人尤其是女性都对伊万卡充满了好感。这种好感不仅仅在于伊万卡的美丽以及她身上具有的那些完美特质，还在于人们普遍认为伊万卡是一个女权主义者，或者说至少她有这方面的倾向和意愿。

这种猜测似乎不无道理，至少在多数人眼中，伊万卡一直都在努力帮助女性尤其是职业女性说话，也一直在发起各种运动来帮助职业女性。如今，贵为美国第一女儿甚至可能会是美国第一夫人的伊万卡（传闻特朗普可能会让伊万卡扮演第一夫人的角色，至少目前来看，特朗普更放心让女儿帮忙担任这一职务），还积极为女性的相关福利奔走，她希望可以在律法上保障职业女性的合法权益。

她多次在公开场合表态要给予女性更多权利，要让女性获得平等的待遇，要让女性获得应有的尊重，尤其是帮助那些身处婚姻和工作矛盾冲突中的职业女性。就像她曾在演讲中所说的那样：“美国主要劳动力中有46%是女性，同时美国40%的家庭中女性是顶梁柱。2014年，男性每挣1美元女性就挣83美分。一个单身女性可以达到94美分，而成婚后的女性只能挣77美分。研究人员已经意识到，性别不再是影响薪酬的主要因素，‘母亲’这个身份才是。”

她觉得企业在对待职业女性方面欠缺必要的灵活度，认为企业在女性生育、产假以及照顾家庭方面总是抱着一种排斥的态度，企业家们似乎总是担心女性在家庭生活中担任母亲的角色之后会迅速分散工作的精力，因此他们通常不愿意为那些已经成为母亲的女性提供更好的工作，不愿意提供更合理的保障。伊万卡在演讲中呼吁这种现状应得到改善：“美国家庭需要得到解脱，女性生育不应该影响她的职业道路，这不该是一种赏赐，应该是天经地义的事情。”

此外，由于整个社会环境对于职业女性的不公正对待，导致很多女性经常在家庭生活与个人事业之间挣扎，她们缺乏一种更为合理的方式来平衡好自己的家庭生活与事业，她们搞不清楚自己应该在生活中扮演什么样的角色，也搞不清楚如何更加自如地在不同的角色中实现切换。这些都让她们面临着很大的压力，而伊万卡则努力帮助她们改变这一切。

最近，伊万卡推出了自己的第二本书《职业女性：改写成功的规则》，并且为它写了一篇新的序言。在该书“卷首语”中，伊万卡这样写道：“《职业女性：改写成功的规则》一书将会告诉你一些我从身边优秀者身上学到的技巧，这本书讨论的话题包括发现机会、顺利实现职业转变、谈判、带领团队、创业、平衡工作与家庭，以及推动体系变革来为女性创造更好的工作环境——不管是现在还是未来。”

多年来，她一直为女性积极发声，一直都在想方设法帮助那些遭受不公平待遇的女性，一直都在想办法帮助她们去适应社会，并调节个人的生活，同时积极维护她们的权益。事实上，伊万卡和很多职业女性一样，每天都要想办法适应社会，都要想办法调节好工作和生活的关系，因此她知道职业女性所面临的困境。而作为一个多任务处理高手，她虽然是3个孩子的母亲，却能把自己的生意打理得非常成功，这让她觉得自己有必要将更多的经验分享给其他人，无论是写书还是开办网站，都是为了这个目的，甚至还通过参加《福布斯》举办的“职业女性峰会”（Women Who Work）等活动鼓励现代职业女性兼顾事业和家庭。

伊万卡所做的这一切都具有明确的指向性，都让她在无形中承担起了维护女性权益的责任，大家也都因此而将其当成一个女权主义的支持者和践行者来看待，有的人甚至将其当成女权主义运动的新领袖。以至于当很多美国女性听说特朗普上台之后，都纷纷感到担忧，一方面组织了各种示威游行，抗议特朗普的不当言行和性别歧视；另一方面寄希望于伊万卡能够在维护女性权益方面发挥更大的作用。

但事实上，伊万卡并不想成为什么女权主义者，更没有将自己当成女权主义者来看待，她只是努力想要为职业女性提供一点建议，或者帮她们做一点什么，就像她在儿童教育、环境保护方面所做的那些事情一样。正如她所说的那样：“工资平等，儿童保育，这些对我而言是很重要的事情。我对教育事业充满热情，这个行业为妇女提供了更多机会。正如所知，我对很多事情感触很深，但这种感触是自然而然的。”

细心的人往往可以发现伊万卡一直在努力回避有关女权主义的话题，她不想见到性别不平等的现象，但也同样不想被卷入性别之争，而且考虑到她父亲在一些公开场合或者私底下发表的一些涉嫌侮辱女性的言论，女权主义的帽子会让她陷入两难的境地。就像人们批评她在维护女性方面做得还不够多、还不够好一样，总有一些人会针对她做出一些指责，会提出一些更高的要求。就目前来看，这些都是伊万卡无法顺利解决的问题，也是她能力范围之外的事情，所以她根本不想给自己制造麻烦。

伊万卡曾在《早安美国》的采访中表示："早在总统竞选之前我就倡导女性在她们生活中的每一个方面要去追求自己。我从来没有传播任何政治化的信息。那些寻求政治化是因为他们不同意我父亲在政治上的观点，但是这一切我做不了什么改变。"

考虑到女权主义是一个社会性的敏感话题，伊万卡一直都在小心谨慎地处理，以免惹上不必要的麻烦。实际上关于这本书的名字，伊万卡承认其实也曾想过换一个标题，因为在她看来"职业女性"的称呼本身就带有一定的歧视性，如从来就没有关于"职业男性"的称呼，在大家看来男人理所应当地可以去工作，而女性必须为之努力，必须划分出"家庭主妇"和"职业女性"，但事实上女性本来就有权利去工作，本来就应该像男人一样获得足够的尊重，毕竟她们在工作中同样非常努力。

从这个细节就可以看出，伊万卡在对待女权主义这个话题上还是比较理性的，她没有狂热地将自己打造成一个女权主义者，而且当外界将这个头衔强加给她时，她也聪明地予以回绝。有人曾经试图将她和女权主义者联系在一起，并询问她是如何定位自己在维护女性权益活动中的角色的，伊万卡非常巧妙地避开了这一点："我们同时是母亲、是人妻，也是姐妹，这正是这场运动里的这些女性所做的工作。”而且她仅仅是鼓励女性应该对工作权利进行争取罢了。

尽管她在职业女性的话题上做了很多工作，这很契合一个女权主义者的行为，但是伊万卡从没有表现出向女权主义靠近的倾向。而她之所以愿意做一些帮助职业女性的事情，完全是出于一种同情，这种同情建立在个体的经验与社会现象的感知上。

作为一个妻子和母亲，她一直都在积极协调工作和生活。事实上，她拥有三个孩子，但伊万卡觉得自己是幸运的，在父亲的公司里自己可以发挥出很大的价值，可以做自己喜欢去做的事情；而在自己的公司里，她同样非常幸运，公司的员工、学徒在设计和销售的时候也间接提升了伊万卡的知名度。现在她成了一个成功的职场女性、一个成功的女商人、一个成功的品牌创始人，这让她有了更多的底气和想法来谈论女性工作的话题。

正如很多人所评论的那样，伊万卡并不是一个纯粹的政治家，自然而然她也不是一个女权主义者，更多时候，她扮演的角色是企业家，她知道如何进行取舍，知道什么样的利益才是最适合自己的。听上去有些腹黑，但作为一个商人，伊万卡拥有自己的野心和欲望，拥有很多迷人的特质，但同时也具有很多缺陷和不完美的地方，她不可能像某些人所期待的那样公然去挑战美国社会的一些成规旧俗，也无法依靠个人的力量作出彻底的改变。

不过相比于多数人而言，伊万卡作为一个女性，无论是在生活、社交、商业还是政治领域，她所取得的成就都让人惊叹，她所展示出来的那种能力和魅力也让她显得与众不同，而这就是她最真实的个人形象，外界可以喜欢她，可以批评她，但是喜欢她的人无须将其当成一个高高在上、毫无瑕疵的女神，不要将其当成一个女权主义的领袖来对待，因为依据她的社会地位和立场，有很多事情是根本不可能去完成的；而批评她的人也不要用更多道德问题来评判她，不要总是以某个领袖的责任和义务来要求她，事实上，作为一个女性，作为一个妻子，作为一个母亲，她所做的已经够多、够好了。事实上，对于真正喜欢伊万卡的人而言，绝对不是因为她的地位和立场，而恰恰是因为她身上所具备的那些迷人的特质。

2.伊万卡未来的人生走向

提到伊万卡，很多人都会想到她身上兼具的多重身份，首先她是特朗普家族的千金小姐和继承人，是特朗普集团公司的副总裁，是伊万卡·特朗普品牌的创始人，现在是美国第一女儿，不久的未来很可能会成为美国第一夫人。

可以说在这些角色的转变中，伊万卡每一步都走得特别踏实，每一步都按照自己的计划在前进。依靠着自身得天独厚的优势，依靠着自己的努力，依靠着自己独特的个人气质以及出色的交际能力，伊万卡在生活和事业上不断获得突破。对于一个出生于富豪家庭的人来说，伊万卡所获得的成就已经超过了绝大多数富二代和富三代，现在人们都纷纷猜测未来伊万卡会走向哪一条道路，她是否还会像过去一样去继续开拓自己的商业道路，甚至开辟自己的商业帝国？或者说继承父亲特朗普的公司，将其推向另一个高峰？

考虑到她最近几年在商业领域内获得的成功，可以看出她是一个非常有经商能力的人，这也是她被称为商业女强人的原因，而很多权威媒体也认为伊万卡未来一定会在商业领域内获得更大的成就。而就在这种期待中，伊万卡的未来之路突然变得扑朔迷离起来，原因很简单，她的父亲当选了美国总统，而向来表现出色且被父亲堪称左膀右臂的伊万卡不仅仅成了美国第一女儿，还有可能进军白宫，成为第一夫人或者在白宫内担任职务，而这就意味着她需要从自己的商业领域脱身。从目前来看，伊万卡似乎已经辞掉了自己在特朗普集团公司的职务，全心全意为自己进军政界铺路。

不过伊万卡自己似乎从未正面作出任何“要在白宫内担任职务”的承诺，也没有透露过自己是否有意在政府部门担任要职，她只是非常模糊地表示自己只是美国总统的女儿，自己所扮演的是一个女儿的角色，而目前自己所做的一切都是自己，“但是通过竞选，我对某些问题充满热情，我想要为此一战”。

伊万卡在一份声明中说，她将自愿遵守禁令，“我会继续给我的父亲提供我坦诚的意见和建议，这是我一生都要做的事情，”她说，“虽然在现代对于一个总统的成年孩子来说，没有这样的先例，但我会自愿遵守所有政府工作人员的道德准则。”据知情人士透露，伊万卡很可能不会担任任何公职，而是以顾问的身份加入父亲的团队，并在一些诸如女性育儿产假、气候问题上提供一些建议。

而下面这段话就是她在“选择气候变化作为代表性议题”时亲口描述的对话，从中可以窥探出伊万卡作为成功者所具有的那些特质，同时也能够让我们进一步了解她未来将会在白宫所扮演的角色：

我知道自己出身富裕，但是我要告诉你，没有什么是直接交到我手上的。好主意只能来自大量辛苦的工作。这就意味着，当想到应该将气候变化置于清单首项去“关心”，这样老爸才能完全不费心的时候，我很明确下一步要做什么。

我发消息给史蒂夫·班农（特朗普的白宫首席策略师、高级顾问）："就像你告诉我的那样，我刚刚挑选了个代表性议题，是关于气候变化的，然后呢？"

几秒钟过后，我听到了史蒂夫来电的特定铃声——电影《驱魔人》中琳达·布莱尔吐在牧师身上的声音。他的回复："莱昂纳多·迪卡普里奥很可能有相关的傻B电影，你可以假装看过。也可以打电话给那个失败者艾伯特·戈尔（美国前副总统，坚定的环保主义者，2007年诺贝尔和平奖得主，曾积极推动克林顿签署《京都议定书》，两次竞选总统均告失败）。"

莱昂纳多立刻就过来了，带给我一张关于洪水（或者可能只是一般的水？）的DVD。"你为什么给我一张DVD？"我问。

"因为这样就没人会刊登'莱昂纳多·迪卡普里奥发给伊万卡·特朗普一个视频链接'。"他说。

莱昂纳多看样子像是要永远驻足对我解释，因此我试着让自己看上去很忙。我在桌上的便利贴上写"打电话给制鞋厂"。他看到了但仍然继续说："瞧，我知道你位高权重，但如果你会考虑这个星球如何脆弱并影响政府进一步出台保护政策，我将很开心。"

"不用担心，"我说，"这是我的代表性议题。"

我想让他走，但他还是没离开。我写"立刻打电话给制鞋厂"，并且在"立刻"两个字下画了好几次线。

"好吧，"莱昂纳多不自在地说，站起身来，"我的意思是，我知道你爸说他认为气候变化是中国人搞的骗局，而且他即将成为总统……"

“我父亲和我是不一样的人。”我说，给他一个温暖的、令人安心的笑容——这个笑容我在镜子前伴随这句话练习了太多次，“谢谢你精彩的DVD。我会设法穿越到2006年观看的。”

他离开了。

第二天早上，艾伯特·戈尔过来了。

我们直奔主题。我说：“莱昂纳多·迪卡普里奥已经给了我气候变化的DVD，我已经开始在找能看它的设备。总之一句话，我已经开始在个人议题上前进了。”

他怀疑地摇摇他的大脑袋：“我不知道，伊万卡。在这方面还不是说得好听就行了的时候。我们需要有人真正推进当局关于气候变化的议题。我希望那个人是你，当然了，可是……”

我装作受伤的样子。“你有其他人选吗？”我无辜地问，“另一个跟未来政府关系很近的人，会听你的吗？如果他听，我会很高兴让道的。”

戈尔突然哭起来。“我当然没有！”他哭喊道，“你是唯一的一个。你知道你是唯一的人选。你是每个人的最后一丝希望，甚至对你不抱希望。它不是——它不是法定的义务。大家只认为你应该开始运营你老爸的生意了！噢，怎么会这样？”

我微微耸了耸肩。

“上帝保佑我们！上帝保佑我们所有人！”戈尔瘫在地板上，啜泣着。

我给他拿来一些瓶装水。“我带了我自己的。”他说，紧握着一个橘色的可利杯（Klean Kanteen，美国不锈钢保温杯品牌，提倡环保），就像是张灭火毯。

我帮他把杯子抬到颤抖的嘴唇上。“我能不能也有个可利杯？”我问，“如果这就是我的代表性议题？”

“我会给你弄一个的，”他小声说，“我会给你和你全家寄可利杯。请使用它们。它很小，但是个态度。有可能如果美国人看到你和杰瑞德在用可利杯……噢，我在跟谁开玩笑呢？什么都不再重要了，我们都会死去。”

我扶着他去等电梯。等电梯的时候，我感觉自己应该让他安心一点。“我父亲和我是不一样的人。”我说。但是我忘了加上温暖的、令人安心的笑容，我看到他脸上掠过全然恐怖的表情。

“我相信你。”他用忧心忡忡的大眼睛盯着我说。

“告诉每个人你也看到了我爸爸，以及他很酷，而且我保证会用可利杯。”当电梯门关闭的时候，我说。

第二天，五个可利杯——四个大的，一个小的给泰迪——连同一张字条：“感谢卓有成效的会晤。”我的可利杯是粉色的，有我的名字在上面。我将随身带着它！

其实，无论伊万卡最终是否真的会向父亲一样在白宫内担任重要职务，大家所担心的是特朗普家族会不会将政治当成获取家族利益的工具。事实上，虽然美国向来不乏总统家庭成员担任职务的情况出现，但最近几年世界各地政府出现的任人唯亲现象还是让所有人感到担忧，如前一阵子，法国内政部部长布鲁诺先生就将自己两个分别只有15岁和16岁的女儿安排进了议会工作，并领取高达5.5万欧元的报酬。尽管议员雇用家人进入议会工作并不违反法国的相关规定，但问题在于这两个女儿都还在上学，根本不符合短期合同的规定，她们无法真正腾出时间来上班，这就意味着布鲁诺的女儿可能是只拿钱不干活。

事件曝光后，法国总理卡泽纳夫紧急召见布鲁诺，法国检方也进行了调查，尽管布鲁诺坚称自己是清白的，但还是在24小时之内主动提出辞职。无独有偶，法国右翼总统候选人菲永也因为妻子和女儿涉嫌吃政府的空饷而被调查，结果导致支持率急速下降。

相比之下，伊万卡显然更加明白这些道理，因此她主动辞掉了公司的职务，而且也不接受任何官职，更不会领取白宫一分钱的工资，她强调了自己的角色，那就是给父亲提供一些更为合理的建议。从目前来看，伊万卡有进军白宫的意愿，事实上，她虽然没有任何职务，但是却也拥有一些权力。比如，她在白宫西翼办公楼二层拥有自己的办公室；她在没有获得民主授权的情况下，可以直接介入政府事务；她可以获得政府的安全保护和政府提供的通信工具；她可以接触一些政府的机密信息。

但与此同时，她也严格约束自己，坚决与过多的政治权力划清界限，她不希望因为自己将手伸得太长而影响父亲的形象。至于未来她会以何种方式继续自己的政治生涯，这或许是美国人最关心的话题了，而这一切可能要等到几年以后才能见分晓，毕竟到那时，她可能已经积累了丰富的从政经验。

附　　录

伊万卡简介

伊万卡出生于1981年10月30日，一开始父母称呼她为伊凡娜，可是为了避免混淆母亲的称呼，夫妻俩决定给孩子起名为“伊万卡”。在美国著名的女子学校——查宾学校就读，后来转入乔特罗斯玛丽霍尔中学。

1997年，凭着高挑的身材、靓丽的外表和自身的努力，伊万卡在精锐模特管理公司找到了一份模特的兼职，而且很快就以清新的形象频频出现在著名时装杂志*Elle*和《魅力》的内页中。此外，她还成了《17岁》杂志的封面女郎。同一年，她成为美国妙龄小姐选美比赛的主持人。高中毕业后，伊万卡进入乔敦大学学习，2002年她又进入沃顿商学院深造。

2004年，伊万卡大学毕业后没有马上进入父亲的集团，而是去了福里斯特城合伙公司，担任零售拓展部的一名项目经理。一年以后进入特朗普集团公司上班，不久之后在老爸的集团里担任副总裁。

2006年，美国NBC电视台真人秀节目《学徒》第五季开播，伊万卡加入这个节目，在节目中取代了常任顾问凯洛琳·柯普奇。

2007年，伊万卡在男性时尚杂志*Maxim*评选的“最性感的100位美女”中排第83名。

2007年、2008年连续被《名利场》等时尚杂志评为“最佳着装女性”。

2007年，伊万卡推出自己的同名珠宝系列“Ivanka Trump Jewelry Collection”，并在纽约曼哈顿中心麦迪逊大道上开了自己的珠宝店；伊万卡还与食品巨头ConAgra公司合作，推出了自己的微波炉快餐产品。

2009年，伊万卡出版了自己的第一本书《特朗普王牌：工作和生活的双赢之道》，该书一经问世即荣登《纽约时报》和《华尔街日报》最佳畅销书之列。

2009年10月25日，与杰瑞德·库什纳结婚，用推特全程记录了婚礼。

2010年，伊万卡客串《绯闻女孩》第四季，伊万卡和丈夫本色出演。

2010年8月，伊万卡宣布与Marc Fisher鞋业合作，推出Ivanka Trump 鞋履系列，并联手Mondani 手袋与配饰大亨推出Ivanka Trump手袋系列；2011年9月，伊万卡携手Fleet Street Ltd.推出成衣系列。

2011年7月17日，伊万卡诞下了自己的第一个孩子（女儿），取名阿拉贝拉·罗斯；2013年10月14日，伊万卡的第二个孩子（儿子）出生，取名约瑟夫·库什纳；2016年3月27日，伊万卡诞下第三个孩子（儿子），取名西奥多·詹姆斯。

2017年1月，伊万卡宣布正式辞去她在特朗普集团公司执行副总裁和同名品牌负责人的职位。同时，出售手中所有的普通股份，以确保不再与集团产生利益关系。